普通高等教育机电专业规划教材

工业自动化技术强化训练（可编程序控制器 I ）

谭兆湛　陈锐鸿　编著

中国轻工业出版社

图书在版编目(CIP)数据

工业自动化技术强化训练，可编程序控制器Ⅰ/谭兆湛，陈锐鸿编著．—北京：中国轻工业出版社，2014.9

普通高等教育机电专业规划教材

ISBN 978-7-5019-9822-7

Ⅰ.①工… Ⅱ.①谭… ②陈… Ⅲ.①工业—自动控制系统—高等学校—教材②可编程序控制器—高等学校—教材 Ⅳ.①TP273 ②TP332.3

中国版本图书馆CIP数据核字(2014)第140521号

责任编辑：王　淳　　责任终审：孟寿萱　　封面设计：锋尚设计
版式设计：王超男　　责任校对：张　杰　　责任监印：张　可

出版发行：中国轻工业出版社(北京东长安街6号，邮编：100740)
印　　刷：北京君升印刷有限公司
经　　销：各地新华书店
版　　次：2014年9月第1版第1次印刷
开　　本：710×1000　1/16　印张：11.25
字　　数：224千字
书　　号：ISBN 978-7-5019-9822-7　定价：26.00元
邮购电话：010-65241695　传真：65128352
发行电话：010-85119835　85119793　传真：85113293
网　　址：http://www.chlip.com.cn
Email：club@chlip.com.cn
如发现图书残缺请直接与我社邮购联系调换
KG1007-140312

前　言

《可编程序控制系统设计师》是列入我国第七批的职业工种，该工种要求从业人员掌握一定的理论知识和操作技能。随着我国产业的转型升级，自动化技术受到大中院校学生、企业人员的青睐。因此，学习可编程序控制系统设计师相关技能以及参加职业技能鉴定的人数也越来越多。

本书是基于《可编程序控制系统设计师职业标准》中级能力要求而编写，内容涉及职业标准中的理论知识、操作技能、能力培养。包括：PLC 原理与应用，变频器技术与应用，气动知识，传感器原理与应用和职业技能鉴定考核等理论知识和操作技能。

本书可作为大专院校机电一体化或相关专业的教学用书，也可作为“可编程序控制系统设计师”中级的培训教材。

本书的第 1、4、5、6 章由陈锐鸿编写，第 2、3、7、8、9 章由谭兆湛负责编写。

本书很荣幸地得到了广东省可编程序控制系统设计师职业技能鉴定专家组组长、机电一体化职业技能竞赛裁判长宋建老师的审稿，在此表示由衷地感谢！

作为实训教材，本书仍在不断探索与改进当中。更由于作者的经验和水平有限，本书难免有疏漏和不足之处，欢迎大家提出宝贵意见，以便今后改进工作。

编者

2014 年 3 月

目　录

第1章　数制与编码

1.1　数制与数制变换

1.1.1　数制

数制是计数进位制的简称。在日常生活和生产中，人们习惯用十进制数，而在数字电路和计算机中，只能识别“0”和“1”构成的数码，所以经常采用的是二进制数。

（1）十进制数（Decimal number，D）

十进制以10为基数，共有0～9十个数码，计数规律为低位向高位逢十进一。各数码在不同位的权不一样，故值也不同。例如444，三个数码虽然都是4，但百位的4表示400，即4×10^2，十位的4表示40，即4×10^1，个位的4表示4，即4×10^0，其中10^2、10^1、10^0称为十进制数各位的权。如一个十进制数585.5按每一位数展开可表示为：

$$(585.5)_{10}=5\times10^2+8\times10^1+5\times10^0+5\times10^{-1}$$

在FX系列PLC中，辅助继电器（M）、状态寄存器（S）、数据寄存器（D）、定时器（T）、计数器（C）都是用十进制进行编号的。其中定时器与计数器的设定值也是采用十进制。

（2）二进制数（Binary number，B）

数字电路和计算机中经常采用二进制。二进制的基数为2，共有0和1两个数码，计数规律为低位向高位逢二进一。各数码在不同位的权不一样，故值也不同。二进制数用下标或“2”表示，如一个二进制数101.101按每一位数展开可表示为：

$$(101.101)_2=1\times2^2+0\times2^1+1\times2^0+1\times2^{-1}+0\times2^{-2}+1\times2^{-3}$$

二进制的每个数字都称为一个位，在FX系统PLC中，用十进制对定时器、计数器、数据寄存器的值进行设定，但PLC内部数据的存储与运算都是以二进制数进行的。

（3）十六进制数（Hexadecimal number，H）

十六进制的每一位有十六个不同的数码，分别用0～9、A（10）、B（11）、C（12）、D（13）、E（14）、F（15）表示。基数是16，加法逢十六进一位。十六进制数后可加一个大写的H表示，如一个十六进制数6EH按每一位数展开可表示为：

$$6EH = (6E)_{16} = 6 \times 16^1 + 14 \times 16^0$$

（4）八进制数（Octal number，O）

八进制数是以 8 为基数，加法逢八进一位。如一个八进制数 594 按每一位数展开可表示为：

$$(594)_8 = 5 \times 8^2 + 9 \times 8^1 + 4 \times 8^0$$

一般 PLC 的输入和输出模块地址都是按八进制编址的。

1.1.2　数制转换

1.1.2.1　二进制与十进制

（1）二进制数转换成十进制数——按权相加法

按权相加法是指将二进制数按位权展开后相加，即得等值的十进制数。例如，将二进制数 1011101 转换为十进制数：

$$(1011101)_2 = (1 \times 2^6 + 0 \times 2^5 + 1 \times 2^4 + 1 \times 2^3 + 1 \times 2^2 + 0 \times 2^1 + 1 \times 2^0)_{10}$$
$$= (64 + 0 + 16 + 8 + 4 + 0 + 1)_{10} = (93)_{10}$$

（2）十进制数转换成二进制数——除 2 取余倒排法和乘 2 取整顺排法

任意十进制数转换为二进制数，可将其分成整数部分和纯小数部分，整数部分采用除 2 取余倒排法，即十进制整数连续除以 2，直到商等于 0 为止，然后把每次所得余数（1 或者 0）按相反的次序排列即得转换后的二进制整数。纯小数部分采用乘 2 取整顺排法，即把十进制小数连续乘以 2，直到小数部分为 0 或者达到规定的位数为止，然后将每次所取整数按次序排列即得转换后的二进制小数。两部分分别转化成二进制数形式后再合成即可求得该十进制数对应的二进制数。

例：将十进制数 44.375 转换成二进制数（取小数点后三位）。

根据转换规则，整数部分 44 用“除 2 取余倒排”法：

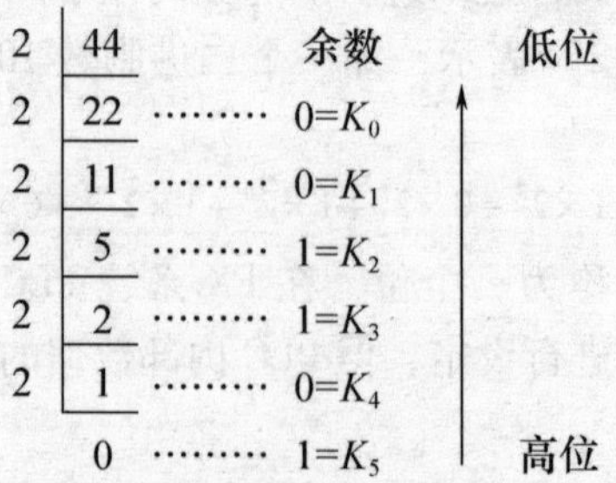

除数	被除数/商	余数	
2	44	余数	低位
2	22	……… $0=K_0$	↑
2	11	……… $0=K_1$	
2	5	……… $1=K_2$	
2	2	……… $1=K_3$	
2	1	……… $0=K_4$	
	0	……… $1=K_5$	高位

$$(44)_{10} = (101100)_2$$

小数部分 0.375 采用“乘 2 取整顺排”法：

$$
\begin{array}{lll}
0.375 & & \\
\times\ \ 2 & \text{整数} & \text{高位} \\
\hline
0.750 \cdots\cdots & 0=K_{-1} & \downarrow \\
0.750 & & \\
\times\ \ 2 & & \\
\hline
1.500 \cdots\cdots & 1=K_{-2} & \\
0.500 & & \\
\times\ \ 2 & & \\
\hline
1.000 \cdots\cdots & 1=K_{-3} & \text{低位}
\end{array}
$$

$(0.375)_{10}=(0.011)_2$

所以：$(44.375)_{10}$ = $(101100.011)_2$

1.1.2.2　二进制与十六进制

（1）二进制数转换成十六进制数

整数部分：将二进制数从最低位（小数点左边第 1 位）开始，向左数，每 4 位二进制数转换为 1 位十六进制数，最高位不够 4 位的前面补零凑够 4 位。

小数部分：从小数点向右数，每 4 位二进制数转换为 1 位十六进制数，最低位不够 4 位的后面补零凑够 4 位。

例：1 1101 0011. 1011 011 =0001 1101 0011. 1011 0110 = 1D3. B6H

（2）十六进制数转换成二进制数

转换时只需将每 1 位十六进制数改写成等值的 4 位二进制数，次序不变。

例：$(3A8.D6)_{16}$ = $(0011\ 1010\ 1000.1101)_2$

1.2　码制

编码是用各种数字、文字、图形、符号及不同数码表示对应的某个具体信息状态。在数字系统及计算机系统中以二进制数码来表示所有的信息状态，将每个二进制码赋予特定含义的过程，称为编码。PLC 在处理数据的过程中，经常会用到各种代码，比如二 – 十进制（BCD）码、美国信息交换标准码 ASCⅡ等。

1.2.1　BCD 码

在数字系统中，各种数据要转换为二进制代码才能进行处理，而人们习惯于使用十进制数，所以在数字系统的输入输出中仍采用十进制数，这样就产生了用 4 位二进制数表示 1 位十进制数的方法，这种用于表示十进制数的二进制代码称为二 – 十进制代码（Binary Coded Decimal），简称为 BCD 码。它具有二进制数的形式以满足数字系统的要求，又具有十进制的特点（只有十种有效状态）。在某些情况下，计算机也可以对这种形式的数直接进行运算。常见的 BCD 码表示有以下几种，具体编码如表 1 – 1。

表1-1　　常见BCD编码表

十进制数 \ 编码种类	8421码	2421码	余3码
0	0000	0000	0011
1	0001	0001	0100
2	0010	0010	0101
3	0011	0011	0110
4	0100	0100	0111
5	0101	1011	1000
6	0110	1100	1001
7	0111	1101	1010
8	1000	1110	1011
9	1001	1111	1100

1.2.1.1　8421码

这是一种使用最广的BCD码，是一种有权码，其各位的权分别是（从最高有效位开始到最低有效位）8、4、2、1。

例：写出十进数97D对应的8421码。

$$97D = (1001\ 0111\ 1101)_{BCD}$$

在使用8421码时一定要注意其有效的编码仅十个，即：0000～1001。4位二进制数的其余6个编码1010、1011、1100、1101、1110、1111不是有效编码。

1.2.1.2　2421码

2421码也是一种有权码，其从高位到低位的权分别为2、4、2、1，其也可以用4位二进制数来表示一位十进制数。

1.2.1.3　余3码

余3码也是一种BCD码，但它是无权码，但由于每一个码对应的8421码之间相差3，故称为余3码，其一般使用较少。

1.2.2　ASCⅡ码

ASCII码（American Standard Code for Information Interchange，美国标准信息交换码），是使用7位或8位二进制数来表示所有的大写和小写字母，数字0到9、标点符号，以及在美式英语中使用的特殊控制字符，如表1-2。

表1-2　　　　　　　　ASCII 码

<table>
<tr><th>高位
低位</th><th>b6 b5 b4</th><th>b6 b5 b4</th><th>b6 b5 b4</th><th>b6 b5 b4</th><th>b6 b5 b4</th><th>b6 b5 b4</th><th>b6 b5 b4</th><th>b6 b5 b4</th></tr>
<tr><td>b3 b2 b1 b0</td><td>000</td><td>001</td><td>010</td><td>011</td><td>100</td><td>101</td><td>110</td><td>111</td></tr>
<tr><td>0000</td><td>NUL</td><td>DLE</td><td>SP</td><td>0</td><td>@</td><td>P</td><td>、</td><td>p</td></tr>
<tr><td>0001</td><td>SOH</td><td>DC1</td><td>!</td><td>1</td><td>A</td><td>Q</td><td>a</td><td>q</td></tr>
<tr><td>0010</td><td>STX</td><td>DC2</td><td>, ,</td><td>2</td><td>B</td><td>R</td><td>b</td><td>r</td></tr>
<tr><td>0011</td><td>ETX</td><td>DC3</td><td>#</td><td>3</td><td>C</td><td>S</td><td>c</td><td>s</td></tr>
<tr><td>0100</td><td>EOT</td><td>DC4</td><td>$</td><td>4</td><td>D</td><td>T</td><td>d</td><td>t</td></tr>
<tr><td>0101</td><td>ENQ</td><td>NAK</td><td>%</td><td>5</td><td>E</td><td>U</td><td>e</td><td>u</td></tr>
<tr><td>0110</td><td>ACK</td><td>SYN</td><td>&</td><td>6</td><td>F</td><td>V</td><td>f</td><td>v</td></tr>
<tr><td>0111</td><td>BEL</td><td>ETB</td><td>,</td><td>7</td><td>G</td><td>W</td><td>g</td><td>w</td></tr>
<tr><td>1000</td><td>BS</td><td>CAN</td><td>(</td><td>8</td><td>H</td><td>X</td><td>h</td><td>x</td></tr>
<tr><td>1001</td><td>HT</td><td>EM</td><td>)</td><td>9</td><td>I</td><td>Y</td><td>i</td><td>y</td></tr>
<tr><td>1010</td><td>LF</td><td>SUB</td><td>*</td><td>:</td><td>J</td><td>Z</td><td>j</td><td>z</td></tr>
<tr><td>1011</td><td>VT</td><td>ESC</td><td>+</td><td>;</td><td>K</td><td>[</td><td>k</td><td>{</td></tr>
<tr><td>1100</td><td>FF</td><td>FS</td><td>,</td><td><</td><td>L</td><td>\</td><td>l</td><td>|</td></tr>
<tr><td>1101</td><td>CR</td><td>GS</td><td>_</td><td>=</td><td>M</td><td>]</td><td>m</td><td>}</td></tr>
<tr><td>1110</td><td>SO</td><td>RS</td><td>.</td><td>></td><td>N</td><td>Ω</td><td>n</td><td>~</td></tr>
<tr><td>1111</td><td>SI</td><td>US</td><td>/</td><td>?</td><td>O</td><td>–</td><td>o</td><td>DEL</td></tr>
</table>

从表中可以算出各个字符的 ASCII 码。如字符 0 的 ASCII 码是“0” =011 0000 =30H，字符 A 的 ASCII 码是“A” =100 0001 =41H。在 FX 系列 PLC 与外围设备进行通信时，数据的交换是以 ASCII 码的形式进行的。

第2章　可编程控制器基础

2.1　可编程控制器概述

2.1.1　PLC的由来

可编程控制器（Programmable Controller）是计算机家族中的一员，是为工业控制应用而设计制造的，早期的可编程控制器称作可编程逻辑控制器（Programmable Logic Controller），简称PLC。它主要用来代替继电器实现逻辑控制，随着技术的发展这种装置的功能已经大大超过了逻辑控制的范围。因此，今天这种装置称作可编程控制器，简称PC。但是为了避免与个人计算机（Personal Computer）的简称混淆，所以将可编程控制器简称PLC。

1968年，美国通用汽车公司（GM）为了适应汽车型号的不断更新、生产工艺不断变化的需要，实现小批量、多品种生产，希望能有一种新型工业控制器，它能做到尽可能减少重新设计和更换电器控制系统及接线，以降低成本、缩短周期。于是就设想将计算机功能强大、灵活、通用性好等优点与电器控制系统简单易懂、价格便宜等优点结合起来，制成一种通用控制装置，而且这种装置采用面向控制过程、面向问题的“自然语言”进行编程，使不熟悉计算机的人也能很快掌握使用。

1969年，美国数字设备公司（DEC）根据美国通用汽车公司的这种要求，研制成功了世界上第一台可编程控制器，并在通用汽车公司的自动装配线上试用，取得很好的效果。从此这项技术迅速发展起来。

2.1.2　PLC的定义

国际电工委员会（IEC）先后颁布了PLC标准的草案第一稿、第二稿，并在1987年2月颁布了可编程控制器标准草案第三稿。在草案中对可编程控制器定义如下：“可编程控制器是一种数字运算操作的电子系统，专为在工业环境下应用而设计。它采用可编程序的存储器，用来在其内部存储执行逻辑运算、顺序控制、定时、计数和算术运算等操作的指令，并通过数字式和模拟式的输入和输出，控制各种类型的机械或生产过程。可编程控制器及其有关外围设备，都应按易于与工业系统联成一个整体、易于扩充其功能的原则设计”。

2.2 可编程控制器的特点、分类和技术指标

2.2.1 PLC的特点

2.2.1.1 可靠性高、抗干扰能力强

(1) 硬件抗干扰措施

隔离：I/O通道采用光电隔离，有效地抑制了外部干扰源对PLC的影响。

滤波：对供电电源及线路采用多种形式的滤波，从而消除或抑制了高频干扰。

屏蔽：对PLC的电源变压器、内部CPU、编程器等重要部件采用良好的导电、导磁材料进行屏蔽，以减少空间电磁干扰。

采用模块式结构：这种结构有助于在故障情况时短时修复。各模块均采用屏蔽措施，以防止辐射干扰，对有些模块设置了联锁保护、自诊断电路等。

(2) 软件抗干扰措施

故障检测：设计了故障检测软件定期地检测外界环境。如掉电、欠电压、强干扰信号等，以便及时进行处理。

信息保护和恢复：信息保护和恢复软件使PLC偶发性故障条件出现时，对PLC内部信息进行保护，不遭破坏。一旦故障条件消失，恢复原来的信息，使之正常工作。

设置了警戒时钟WDT：如果PLC程序每次循环执行时间超过了WDT规定的时间，预示程序进入了死循环，立即报警。

对程序进行检查和检验，一旦程序有错，立即报警，并停止执行。

2.2.1.2 编程简单、使用方便

许多PLC还针对具体问题，设计了各种专用编程指令及编程方法，进一步简化了编程。

2.2.1.3 采用模块化结构，组合灵活使用方便

PLC的各个部件，均采用模块化设计，各模块之间可由机架和电缆连接。系统的功能和规模可根据用户的实际需求自行组合，使系统的性能价格更容易趋于合理。

2.2.1.4 功能完善、通用性强

现代PLC不仅具有逻辑运算、定时、计数、顺序控制等功能，而且还具有A/D和D/A转换、数值运算、数据处理、PID控制、通信联网等许多功能。同时，由于PLC产品的系列化、模块化，有品种齐全的各种硬件装置供用户选用，可以组成满足各种要求的控制系统。

2.2.1.5 设计安装简单、维护方便

由于PLC用软件代替了传统电气控制系统的硬件，控制柜的设计、安装接线工作量大为减少。PLC的用户程序大部分可在实验室进行模拟调试，缩短了应用设计和调试周期。在维修方面，由于PLC的故障率极低，维修工作量很小；而且PLC具有很强的自诊断功能，如果出现故障，可根据PLC上指示或编程器上提供的故障信息，迅速查明原因，维修极为方便。

2.2.1.6 体积小、重量轻、能耗低

由于PLC采用了半导体集成电路，其结构紧凑、体积小、能耗低，因而是实现机电一体化的理想控制设备。

2.2.2 PLC的分类

2.2.2.1 按结构形式分类

根据PLC的结构形式，可将PLC分为整体式和模块式两类，即整体式PLC和模块式PLC。

2.2.2.2 按功能分类

根据PLC所具有的功能不同，可将PLC分为低档、中档、高档三类。

（1）低档PLC　具有逻辑运算、定时、计数、移位以及自诊断、监控等基本功能，还可有少量模拟量输入/输出、算术运算、数据传送和比较、通信等功能。主要用于逻辑控制、顺序控制或少量模拟量控制的单机控制系统。

（2）中档PLC　除具有低档PLC的功能外，还具有较强的模拟量输入/输出、算术运算、数据传送和比较、数制转换、远程I/O、子程序、通信联网等功能。有些还可增设中断控制、PID控制等功能。适用于复杂控制系统。

（3）高档PLC　除具有中档机的功能外，还增加了带符号算术运算、矩阵运算、位逻辑运算、平方根运算及其他特殊功能函数的运算、制表及表格传送功能等。高档PLC机具有更强的通信联网功能，可用于大规模过程控制或构成分布式网络控制系统，实现工厂自动化。

2.2.2.3 按I/O点数分类

根据PLC的I/O点数的多少，可将PLC分为小型、中型和大型三类。

（1）小型PLC　I/O点数为256点以下为小型PLC。其中，I/O点数小于64点的为超小型或微型PLC。

（2）中型PLC　I/O点数为256点以上、2048点以下为中型PLC。

（3）大型PLC　I/O点数为2048以上的为大型PLC。其中，I/O点数超过8192点的为超大型PLC。

在实际中，一般PLC功能的强弱与其I/O点数的多少是相互关联的，即PLC的功能越强，其可配置的I/O点数越多。因此，通常我们所说的小型、中型、大型PLC，除指其I/O点数不同外，同时也表示其对应功能为低档、中档、高档。

2.2.3 PLC的技术指标

2.2.3.1 存储容量

存储容量是指用户程序存储器的容量。用户程序存储器的容量大，可以编制出复杂的程序。一般来说，小型PLC的用户存储器容量为几千字，而大型机的用户存储器容量为几万字。

2.2.3.2 I/O点数

输入/输出（I/O）点数是PLC可以接受的输入信号和输出信号的总和，是衡量PLC性能的重要指标。I/O点数越多，外部可接的输入设备和输出设备就越多，控制规模就越大。

2.2.3.3 扫描速度

扫描速度是指PLC执行用户程序的速度，是衡量PLC性能的重要指标。一般以扫描1K字用户程序所需的时间来衡量扫描速度，通常以ms/K字为单位。PLC用户手册一般给出执行各条指令所用的时间，可以通过比较各种PLC执行相同的操作所用的时间，来衡量扫描速度的快慢。

2.2.3.4 指令的功能与数量

指令功能的强弱、数量的多少也是衡量PLC性能的重要指标。编程指令的功能越强、数量越多，PLC的处理能力和控制能力也越强，用户编程也越简单和方便，越容易完成复杂的控制任务。

2.2.3.5 内部元件的种类与数量

在编制PLC程序时，需要用到大量的内部元件来存放变量、中间结果、保持数据、定时计数、模块设置和各种标志位等信息。这些元件的种类与数量越多，表示PLC的存储和处理各种信息的能力越强。

2.2.3.6 特殊功能单元

特殊功能单元种类的多少与功能的强弱是衡量PLC产品的一个重要指标。近年来各PLC厂商非常重视特殊功能单元的开发，特殊功能单元种类日益增多，功能越来越强，使PLC的控制功能日益扩大。

2.2.3.7 可扩展能力

PLC的可扩展能力包括I/O点数的扩展、存储容量的扩展、联网功能的扩展、各种功能模块的扩展等。在选择PLC时，经常需要考虑PLC的可扩展能力。

2.3 可编程控制器的应用领域和发展趋势

2.3.1 PLC的应用领域

从应用类型看，PLC的应用大致可归纳为以下几个方面：

1）开关量逻辑控制　PLC具有强大的逻辑运算功能，可以实现各种简单和复杂的逻辑控制。利用PLC最基本的逻辑运算、定时、计数等功能实现逻辑控制，可以取代传统的继电器控制，用于单机控制、多机群控制、生产自动线控制等。例如：机床、注塑机、印刷机械、装配生产线、电镀流水线及电梯的控制等。这是PLC最基本的应用，也是PLC最广泛的应用领域。

2）运动控制　大多数PLC都有拖动步进电机或伺服电机的单轴或多轴位置控制模块。这一功能广泛用于各种机械设备，如对各种机床、装配机械、机器人等进行运动控制。

3）模拟量控制　PLC中配置有A/D和D/A转换模块。其中A/D模块能将现场的温度、压力、流量、速度等这些模拟量经过A/D转换变为数字量，再经PLC中的微处理器进行处理（微处理器处理的数字量）去进行控制或者经D/A模块转换后，变成模拟量去控制被控对象，这样就可以实现PLC对模拟量的控制。

4）过程控制　现代大、中型PLC都具有多路模拟量I/O模块和PID控制功能，有的小型PLC也具有模拟量输入输出。所以PLC可实现模拟量控制，而且具有PID控制功能的PLC可构成闭环控制，用于过程控制。这一功能已广泛用于锅炉、反应堆、水处理、酿酒以及闭环位置控制和速度控制等方面。

5）数据处理　现代的PLC都具有数学运算、数据传送、转换、排序和查表等功能，可进行数据的采集、分析和处理，同时可通过通信接口将这些数据传送给其他智能装置，如计算机数值控制（CNC）设备，进行处理。

6）通信联网　现代PLC一般都有通信功能，PLC的通信包括PLC与PLC、PLC与上位计算机、PLC与其他智能设备之间的通信。PLC系统与通用计算机可直接或通过通信处理单元、通信转换单元相连构成网络，以实现信息的交换，并可构成“集中管理、分散控制”的多级分布式控制系统，满足工厂自动化（FA）系统发展的需要。

7）其他　PLC还有许多特殊功能模块，适用于各种特殊控制的要求。例如：定位控制模块、CRT模块等。

2.3.2　PLC的发展阶段及发展趋势

2.3.2.1　PLC的发展阶段

①早期的PLC20世纪60年代末~70年代中期。

早期的PLC一般称为可编程逻辑控制器。这时的PLC多少有点继电器控制装置的替代物的含义，其主要功能只是执行原先由继电器完成的顺序控制，定时等。它在硬件上以准计算机的形式出现，在I/O接口电路上作了改进以适应工业控制现场的要求。装置中的器件主要采用分立元件和中小规模集成电路，存储器采用磁芯存储器。另外还采取了一些措施，以提高其抗干扰的能力。在软件编程上，采用广大电气工程技术人员所熟悉的继电器控制线路的方式——梯形图。因此，早期的PLC的性能要优于继电器控制装置，其优点包括简单易懂，便于安装，体积小，能耗低，有故障指使，能重复使用等。其中PLC特有的编程语言—梯形图一直沿用至今。

②中期的PLC（70年代中期~80年代中后期）。

在70年代，微处理器的出现使PLC发生了巨大的变化。美国，日本，德国等一些厂家先后开始采用微处理器作为PLC的中央处理单元（CPU）。这样，使PLC的功能大大增强。在软件方面，除了保持其原有的逻辑运算、计时、计数等功能以外，还增加了算术运算、数据处理和传送、通讯、自诊断等功能。在硬件方面，除了保持其原有的开关模块以外，还增加了模拟量模块、远程I/O模块、各种特殊功能模块。并扩大了存储器的容量，使各种逻辑线圈的数量增加，还提供了一定数量的数据寄存器，使PLC的应用范围得以扩大。

③近期的PLC（80年代中后期至今）。

进入80年代中、后期，由于超大规模集成电路技术的迅速发展，微处理器的市场价格大幅度下跌，使得各种类型的PLC所采用的微处理器的档次普遍提高。而且，为了进一步提高PLC的处理速度，各制造厂商还纷纷研制开发了专用逻辑处理芯片。这样使得PLC软、硬件功能发生了巨大变化。

2.3.2.2 PLC的发展趋势

①向高速度、大容量方向发展。

为了提高PLC的处理能力，要求PLC具有更好的响应速度和更大的存储容量。目前，有的PLC的扫描速度可达0.1ms/k步左右。PLC的扫描速度已成为很重要的一个性能指标。

在存储容量方面，有的PLC最高可达几十兆字节。为了扩大存储容量，有的公司已使用了磁泡存储器或硬盘。

②向超大型、超小型两个方向发展。

当前中小型PLC比较多，为了适应市场的多种需要，今后PLC要向多品种方向发展，特别是向超大型和超小型两个方向发展。现已有I/O点数达14336点的超大型PLC，其使用32位微处理器，多CPU并行工作和大容量存储器，功能强。

小型PLC由整体结构向小型模块化结构发展，使配置更加灵活，为了市场需要已开发了各种简易、经济的超小型微型PLC，最小配置的I/O点数为8~16点，以适应单机及小型自动控制的需要，如三菱公司α系列PLC。

③PLC大力开发智能模块，加强联网通信能力。

为满足各种自动化控制系统的要求，近年来不断开发出许多功能模块，如高速计数模块、温度控制模块、远程I/O模块、通信和人机接口模块等。这些带CPU和存储器的智能I/O模块，既扩展了PLC功能，又使用灵活方便，扩大了

PLC 应用范围。

加强 PLC 联网通信的能力，是 PLC 技术进步的潮流。PLC 的联网通信有两类：一类是 PLC 之间联网通信，各 PLC 生产厂家都有自己的专有联网手段；另一类是 PLC 与计算机之间的联网通信，一般 PLC 都有专用通信模块与计算机通信。为了加强联网通信能力，PLC 生产厂家之间也在协商制订通用的通信标准，以构成更大的网络系统，PLC 已成为集散控制系统（DCS）不可缺少的重要组成部分。

④增强外部故障的检测与处理能力。

根据统计资料表明：在 PLC 控制系统的故障中，CPU 占 5%，I/O 接口占 15%，输入设备占 45%，输出设备占 30%，线路占 5%。前两项共 20% 故障属于 PLC 的内部故障，它可通过 PLC 本身的软、硬件实现检测、处理；而其余 80% 的故障属于 PLC 的外部故障。因此，PLC 生产厂家都致力于研制、发展用于检测外部故障的专用智能模块，进一步提高系统的可靠性。

⑤编程语言多样化。

在 PLC 系统结构不断发展的同时，PLC 的编程语言也越来越丰富，功能也不断提高。除了大多数 PLC 使用的梯形图语言外，为了适应各种控制要求，出现了面向顺序控制的步进编程语言、面向过程控制的流程图语言、与计算机兼容的高级语言（BASIC、C 语言等）等。多种编程语言的并存、互补与发展是 PLC 进步的一种趋势。

2.4 可编程控制器的基本组成及工作原理

2.4.1 PLC 的基本组成

PLC 的硬件主要由中央处理器（CPU）、存储器（EPROM、RAM）、输入单元、输出单元、通信接口、扩展接口、电源等部分组成。其中，CPU 是 PLC 的核心，输入单元与输出单元是连接现场输入/输出设备与 CPU 之间的接口电路，通信接口用于与编程器、上位计算机等外设连接。

对于整体式 PLC，所有部件都装在同一机壳内，其组成框图如图 2－1 所示。

尽管整体式与模块式 PLC 的结构不太一样，但各部分的功能作用是相同的，下面将对 PLC 主要组成各部分进行简单介绍。

2.4.2 PLC 的工作原理

2.4.2.1 扫描工作原理

当 PLC 运行时，是通过执行反映控制要求的用户程序来完成控制任务的，需要执行众多的操作，但 CPU 不可能同时去执行多个操作，它只能按分时操作

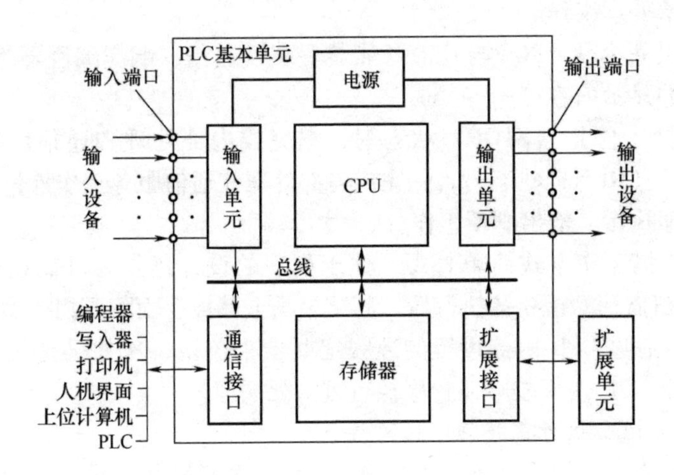

图 2－1　整体式 PLC 组成框图

（串行工作）方式，每一次执行一个操作，按顺序逐个执行。由于 CPU 的运算处理速度很快，所以从宏观上来看，PLC 外部出现的结果似乎是同时（并行）完成的。这种串行工作过程称为 PLC 的扫描工作方式。

用扫描工作方式执行用户程序时，扫描是从第一条程序开始，在无中断或跳转控制的情况下，按程序存储顺序的先后，逐条执行用户程序，直到程序结束。然后再从头开始扫描执行，周而复始重复运行。

PLC 的扫描工作方式与电器控制的工作原理明显不同。电器控制装置采用硬逻辑的并行工作方式，如果某个继电器的线圈通电或断电，那么该继电器的所有常开和常闭触点不论处在控制线路的哪个位置上，都会立即同时动作；而 PLC 采用扫描工作方式（串行工作方式），如果某个软继电器的线圈被接通或断开，其所有的触点不会立即动作，必须等扫描到该触点时才会动作。但由于 PLC 的扫描速度快，通常 PLC 与电器控制装置在 I/O 的处理结果上并没有什么差别。

2.4.2.2　PLC 扫描工作过程

PLC 的扫描工作过程除了执行用户程序外，在每次扫描工作过程中还要完成内部处理、通信服务工作。如图 2－2 所示，整个扫描工作过程包括内部处理、通信服务、输入采样、程序执行、输出刷新五个阶段。整个过程扫描执行一遍所需的时间称为扫描周期。扫描周期与 CPU 运行速度、PLC 硬件配置及用户程序长短有关，典型值为 1～100ms。

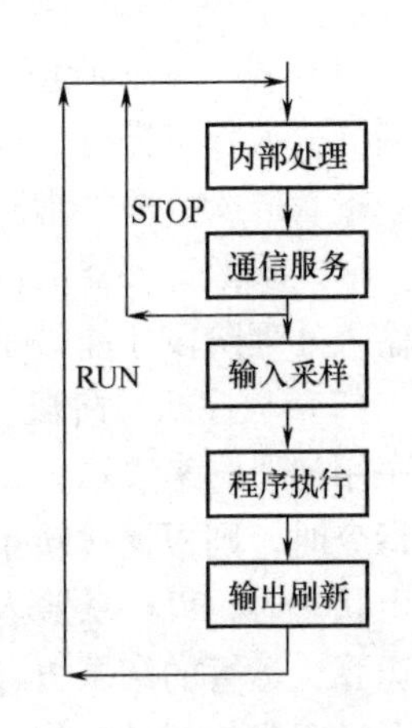

图 2－2　扫描过程示意图

在内部处理阶段，进行 PLC 自检，检查内部硬件是否正常，对监视定时器（WDT）复位以及完成其他一些内部处理工作。

在通信服务阶段，PLC 与其他智能装置实现通信，响应编程器键入的命令，更新编程器的显示内容等。

当 PLC 处于停止（STOP）状态时，只完成内部处理和通信服务工作。当 PLC 处于运行（RUN）状态时，除完成内部处理和通信服务工作外，还要完成输入采样、程序执行、输出刷新工作。

PLC 的扫描工作方式简单直观，便于程序的设计，并为可靠运行提供了保障。当 PLC 扫描到的指令被执行后，其结果马上就被后面将要扫描到的指令所利用，而且还可通过 CPU 内部设置的监视定时器来监视每次扫描是否超过规定时间，避免由于 CPU 内部故障使程序执行进入死循环。

2.4.2.3　PLC 执行程序的过程及特点

PLC 执行程序的过程分为三个阶段，即输入采样阶段、程序执行阶段、输出刷新阶段，如图 2－3 所示。

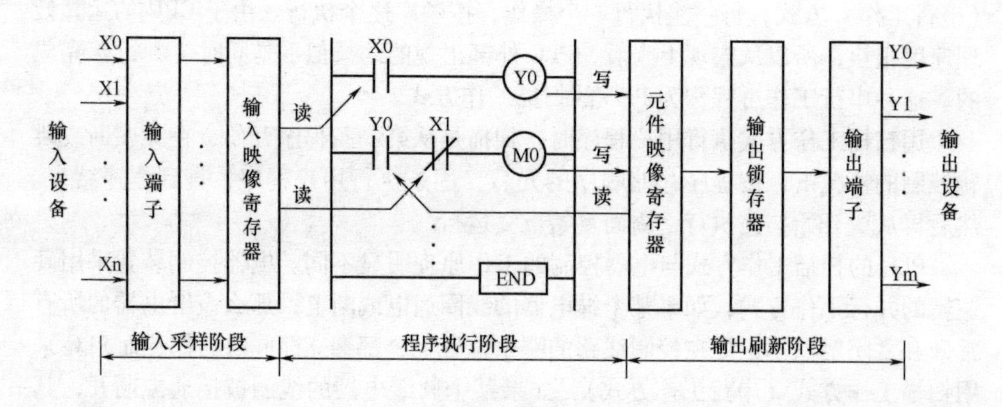

图 2－3　PLC 执行程序过程示意图

（1）输入采样阶段　在输入采样阶段，PLC 以扫描工作方式按顺序对所有输入端的输入状态进行采样，并存入输入映像寄存器中，此时输入映像寄存器被刷新。接着进入程序处理阶段，在程序执行阶段或其他阶段，即使输入状态发生变化，输入映像寄存器的内容也不会改变，输入状态的变化只有在下一个扫描周期的输入处理阶段才能被采样到。

（2）程序执行阶段　在程序执行阶段，PLC 对程序按顺序进行扫描执行。若程序用梯形图来表示，则总是按先上后下，先左后右的顺序进行。当遇到程序跳转指令时，则根据跳转条件是否满足来决定程序是否跳转。当指令中涉及输入、输出状态时，PLC 从输入映像寄存器和元件映像寄存器中读出，根据用户程序进行运算，运算的结果再存入元件映像寄存器中。对于元件映像寄存器来说，其内容会随程序执行的过程而变化。

（3）输出刷新阶段 当所有程序执行完毕后，进入输出处理阶段。在这一阶段里，PLC 将输出映像寄存器中与输出有关的状态（输出继电器状态）转存到输出锁存器中，并通过一定方式输出，驱动外部负载。

因此，PLC 在一个扫描周期内，对输入状态的采样只在输入采样阶段进行。当 PLC 进入程序执行阶段后输入端将被封锁，直到下一个扫描周期的输入采样阶段才对输入状态进行重新采样。这方式称为集中采样，即在一个扫描周期内，集中一段时间对输入状态进行采样。

在用户程序中如果对输出结果多次赋值，则最后一次有效。在一个扫描周期内，只在输出刷新阶段才将输出状态从输出映像寄存器中输出，对输出接口进行刷新，在其他阶段里输出状态一直保存在输出映像寄存器中。这种方式称为集中输出。

对于小型 PLC，其 I/O 点数较少，用户程序较短，一般采用集中采样、集中输出的工作方式，虽然在一定程度上降低了系统的响应速度，但使 PLC 工作时大多数时间与外部输入/输出设备隔离，从根本上提高了系统的抗干扰能力，增强了系统的可靠性。

而对于大中型 PLC，其 I/O 点数较多，控制功能强，用户程序较长，为提高系统响应速度，可以采用定期采样、定期输出方式，或中断输入、输出方式以及采用智能 I/O 接口等多种方式。

从上述分析可知，当 PLC 的输入端输入信号发生变化到 PLC 输出端对该输入变化做出反应，需要一段时间，这种现象称为 PLC 输入/输出响应滞后。对一般的工业控制，这种滞后是完全允许的。应该注意的是，这种响应滞后不仅是由于 PLC 扫描工作方式造成，更主要是 PLC 输入接口的滤波环节带来的输入延迟，以及输出接口中驱动器件的动作时间带来输出延迟，同时还与程序设计有关。滞后时间是设计 PLC 应用系统时应注意把握的一个参数。

2.5 可编程控制器的编程语言

PLC 的用户程序是用户利用 PLC 的编程语言，根据控制要求编制的程序。在 PLC 的应用中，最重要的是用 PLC 的编程语言来编写用户程序，以实现控制目的。由于 PLC 是专门为工业控制而开发的装置，其主要使用者是广大电气技术人员，为了满足他们的传统习惯和掌握能力，PLC 的主要编程语言采用比计算机语言相对简单、易懂、形象的专用语言。

PLC 编程语言是多种多样的，对于不同生产厂家、不同系列的 PLC 产品采用的编程语言的表达方式也不相同，但基本上可归纳两种类型：一是采用图形符号表达方式编程语言，如梯形图等；二是采用字符表达方式的编程语言，如语句表等。近年来推出的PLC，尤其是大型PLC，都可用高级语言，如BASIC语言、C语言、PASCAL语言等进行编程。采用高级语言后，用户可以像使用普通微型计算机一样操作PLC，使PLC的各种功能得到更好的发挥。

以下简要介绍几种常见的PLC编程语言。

2.5.1 梯形图语言

梯形图语言是在传统电器控制系统中常用的接触器、继电器等图形表达符号的基础上演变而来的。它与电器控制线路图相似，继承了传统电器控制逻辑中使用的框架结构、逻辑运算方式和输入输出形式，具有形象、直观、实用的特点。因此，这种编程语言为广大电气技术人员所熟知，是应用最广泛的PLC的编程语言，是PLC的第一编程语言。如图2-4所示是传统的电器控制线路图和PLC梯形图。

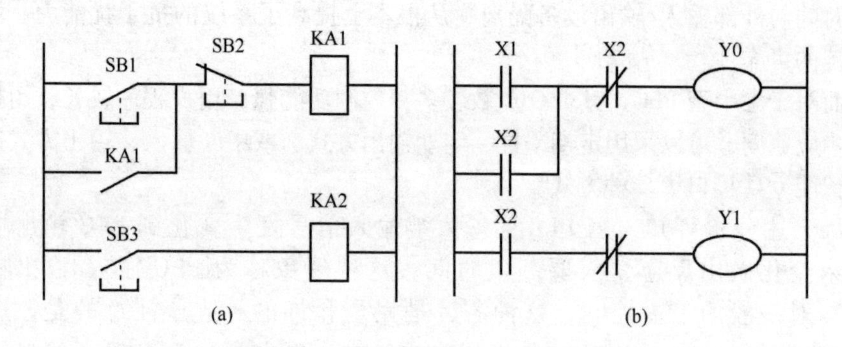

图2-4　电器控制线路图与梯形图

（a）电器控制线路图　（b）梯形图

从图中可看出，两种图基本表示思想是一致的，具体表达方式有一定区别。PLC的梯形图使用的是内部继电器，定时/计数器等，都是由软件来实现的，使用方便，修改灵活，是原电器控制线路硬接线无法比拟的。

2.5.2 语句表语言

这种编程语言是一种与汇编语言类似的助记符编程表达方式。在PLC应用中，经常采用简易编程器，而这种编程器中没有CRT屏幕显示，或没有较大的液晶屏幕显示。因此，就用一系列PLC操作命令组成的语句表将梯形图描述出来，再通过简易编程器输入到PLC中。虽然各个PLC生产厂家的语句表形式不尽相同，但基本功能相差无几。以下是与图2-4中梯形图对应的（FX系列PLC）语句表程序。

步序号	指令	数据
0	LD	X1
1	OR	Y0
2	ANI	X2
3	OUT	Y0
4	LD	X3
5	OUT	Y1

可以看出，语句是语句表程序的基本单元，每个语句和微机一样也由地址（步序号）、操作码（指令）和操作数（数据）三部分组成。

2.5.3　逻辑图语言

逻辑图是一种类似于数字逻辑电路结构的编程语言，由与门、或门、非门、定时器、计数器、触发器等逻辑符号组成。有数字电路基础的电气技术人员较容易掌握，如图2－5所示。

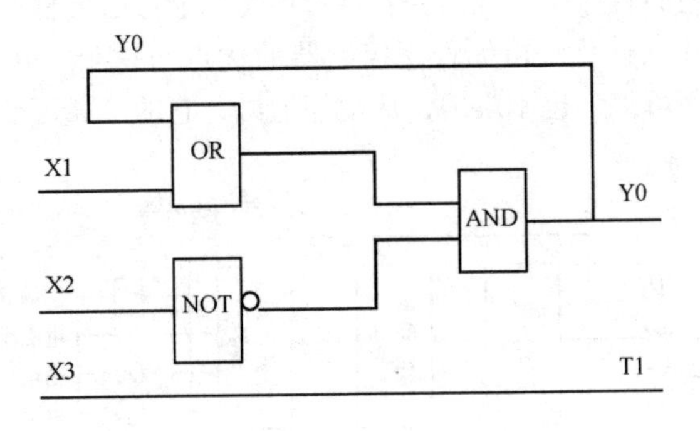

图2－5　逻辑图语言编程

2.5.4　功能表图语言

功能表图语言（SFC语言）是一种较新的编程方法，又称状态转移图语言。它将一个完整的控制过程分为若干阶段，各阶段具有不同的动作，阶段间有一定的转换条件，转换条件满足就实现阶段转移，上一阶段动作结束，下一阶段动作开始。是用功能表图的方式来表达一个控制过程，对于顺序控制系统特别适用。

2.5.5　高级语言

随着PLC技术的发展，为了增强PLC的运算、数据处理及通信等功能，以上编程语言无法很好地满足要求。近年来推出的PLC，尤其是大型PLC，都可用高级语言，如BASIC语言、C语言、PASCAL语言等进行编程。采用高级语言后，用户可以像使用普通微型计算机一样操作PLC，使PLC的各种功能得到更好的发挥。

2.6 可编程控制器与其他控制器的比较

2.6.1 PLC与继电接触器控制系统的比较

传统的继电接触器控制系统是用分离的元器件连接而成的硬接线系统，如图2－6（a）所示。当控制现场的输入元件（如开关、按钮、触点等）其状态产生变化时，与这些输入元件连接的硬接线系统会产生输出信号，控制输出执行元件（继电器、接触器、电磁阀等）状态的变化，进而达到控制和完成生产过程的目的。PLC与继电接触器控制的主要区别在于把继电接触器线路所示的硬接线系统内的控制、运算关系编成可执行的用户程序，通过执行该用户程序来完成控制任务。

可编程序控制器属于存储程序控制，如图2－6（b）所示。其控制功能是通过存放在存储器内的程序来实现的，若要对控制功能做必要修改，只需改变软件指令即可，使硬件软件化。可编程序控制器的优点与这个“可”字有关，从软件来讲，它的程序可编，也不难编，从硬件上讲，它的配置可变，也易变。

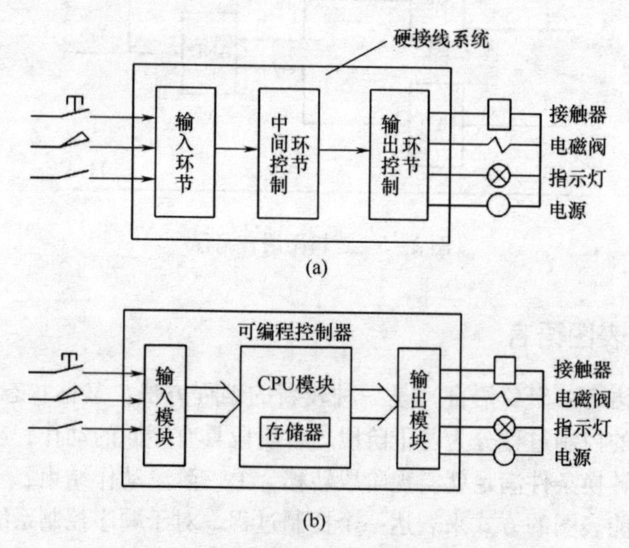

图2－6 继电控制和PLC控制系统结构图

（a）继电器控制系统 （b）PLC控制系统

2.6.2 PLC与微机（MC）控制系统的比较

微机既可以应用于科学计算、科学管理领域，也可以应用于工业控制领域，但使用环境要求较高。而PLC是一种工业自动化控制的专用微机控制系统，结构简单、抗干扰能力强，价格也比一般的微机系统低，但数据处理能力不如微机。

简而言之，微机是通用的专业机，PLC 则是专用的通用机。

2.6.3　PLC 与单片机控制的比较

单片机具有结构简单、使用方便、价格较低等优点，一般用于数据采集和工业控制。但是由于单片机不是专门针对工业现场的自动化控制而设计的，所以与 PLC 相比，学习起来有一定难度，不容易掌握。用单片机来实现自动控制，一般要在 I/O 接口上做大量工作，抗干扰性能较差。PLC 在数据采集和处理等方面不如单片机，另外，单片机的通用性和适应性较强。

第 3 章　FX 系列可编程控制器

3.1　三菱 PLC 概述

3.1.1　三菱 PLC 系列

3.1.1.1　FX 系列

FX_{1S}：是一种集成型小型单元式 PLC，且具有完整的性能和通讯功能等扩展性。如果考虑安装空间和成本是一种理想的选择。

FX_{1N}：是三菱电机推出的功能强大的普及型 PLC。具有扩展输入输出，模拟量控制和通讯、链接功能等扩展性。是一款广泛应用于一般的顺序控制三菱 PLC。

FX_{2N}：是 FX 家族中最先进的系列。具有高速处理及可扩展大量满足单个需要的特殊功能模块等特点，为工厂自动化应用提供最大的灵活性和控制能力。

FX_{3U}：是三菱电机公司新近推出的新型第三代 PLC，可称得上是小型至尊产品。基本性能大幅提升，晶体管输出型的基本单元内置了 3 轴独立最高 100kHz 的定位功能，并且增加了新的定位指令，从而使得定位控制功能更加强大，使用更为方便。

FX_{1NC}/FX_{2NC}/FX_{3UC}：在保持了原有强大功能的基础上实现了极为可观的规模缩小 I/O 型接线接口，降低了接线成本，并大大节省了时间。

3.1.1.2　Q 系列

Q 系列：是三菱电机公司推出的大型 PLC，CPU 类型有基本型 CPU、高性能型 CPU、过程控制 CPU、运动控制 CPU、冗余 CPU 等，可以满足各种复杂的控制需求。Q 系列 PLC 配置灵活，除主基板外，最多还可以扩展 7 块基板，共 64 个模块，可进行多 CPU 配置。功能模块非常丰富，如高精度 A/D 模块、D/A 模块、位控模块、中断模块、高速计数模块、网络模块、通信模块等。

3.1.1.3　A 系列

使用三菱专用顺控芯片（MSP），速度/指令可媲美大型三菱 PLC。A2ASCPU 支持 32 个 PID 回路。而 QnASCPU 的回路数目无限制，可随内存容量的大小而改变；程序容量由 8K 步至 124K 步，如使用存储器卡，QnASCPU 则内存容量可扩充到 2M 字节；有多种特殊模块可选择，包括网络、定位控制、高速计数、温度控制等模块。

3.1.2　FX系列PLC的技术特性

3.1.2.1　FX系列的主要特点

FX系列PLC同时具有整体式PLC简单易用的优点和模块式PLC功能强大、配置灵活的优点。当控制要求较简单时，可选用容量较小的FX_{0S}或FX_{0N}机型；当控制要求较复杂时，可选用性能高、处理速度快、容量大的FX_{2N}或FX_{2NC}机型。FX系列有以下主要特点：

（1）系统配置灵活方便　FX系列PLC的基本单元可独立构成控制系统。除基本单元外，还备有不同点数和不同输出类型的扩展单元和扩展模块，用以扩展I/O点数以及改变I/O特性。此外，还有各种功能模块用以完成各种高级功能。

（2）具有在线和离线编程功能　FX系列PLC可以在线写入或修改程序，具有丰富的编辑和搜索功能，可实现元件监控和测试功能，还可在个人计算机上进行离线编程。

（3）高速处理功能　FX系列PLC内置多点高速计算器，可对输入脉冲进行计数而无须增加任何其他设备。利用不受扫描周期限制的直接输出功能可实现定位控制。对具有优先权和紧急情况的输入，可采用中断方式，使之快速响应，防止意外事故发生。

（4）高级功能　FX系列PLC提供了多种应用指令，以适应各种应用场合，如可实现数据运算、传送、比较、移位等多种功能。

3.1.2.2　FX系列的主要性能

表3－1～表3－3列出了FX系列的几项技术指标。

表3－1　　FX系列PLC的基本性能指标

<table>
<tr><td colspan="2">项目</td><td>FX_{1S}</td><td>FX_{1N}</td><td>FX_{2N}、FX_{2NC}</td></tr>
<tr><td colspan="2">运算控制方式</td><td colspan="3">存储程序，反复运算</td></tr>
<tr><td colspan="2">I/O控制方式</td><td colspan="3">批处理方式（在执行END指令时），可以使用I/O刷新指令</td></tr>
<tr><td rowspan="2">运算处理速度</td><td>基本指令</td><td colspan="2">0.55μs/指令～0.7μs/指令</td><td>0.08μs/指令</td></tr>
<tr><td>应用指令</td><td colspan="2">3.7μs/指令～数百μs/指令</td><td>1.52μs/指令～数百μs/指令</td></tr>
<tr><td colspan="2">程序语言</td><td colspan="3">逻辑梯形图、指令表、顺序控制功能图</td></tr>
<tr><td colspan="2">程序容量（EEPROM）</td><td>内置2KB步</td><td>内置8KB步</td><td>内置8KB步，用存储盒可达16KB步</td></tr>
<tr><td rowspan="2">指令数量</td><td>基本、步进</td><td>基本指令27条，步进指令2条</td><td></td><td></td></tr>
<tr><td>应用指令</td><td>85条</td><td>89条</td><td>128条</td></tr>
<tr><td colspan="2">I/O设置</td><td>最多30点</td><td>最多128点</td><td>最多256点</td></tr>
</table>

表3－2　　　　　　　　　FX系列PLC的输入技术指标

输入电压	DC 24V ± 10%
输入信号电压	DC 24V ± 10%
输入信号电流	DC 24V，7mA
输入开关电流 OFF→ON	>4.5 mA
输入开关电流 ON→OFF	<4.5 mA
输入响应时间	10ms
可调节输入响应时间	X0～X17为0～60 mA（FX_{2N}），其他系列0～15mA
输入信号形式	无电压触点，或NPN集电极开路输出晶体管
输入状态显示	输入ON时LED亮

表3－3　　　　　　　　　FX系列PLC的输出技术指标

项目		继电器输出	晶闸管输出（仅FX_{2N}）	晶体管输出
外部电源		最大AC 240V或DC 30V	AC 85～242V	DC 5～30V
最大负载	电阻负载	2A/1点，8A/COM	0.3A/1点，0.8A/COM	0.5A/1点，0.8A/COM
	感性负载	80VA，120/240V AC	36VA/AC 240V	12W/24V DC
	灯负载	100W	30W	0.9W/DC 24V（FX_{1S}），其他系列1.5W/DC 24V
最小负载		电压<5V DC时2mA，电压<24V DC时5Ma（FX_{2N}）	2.3VA/240V AC	#
响应时间	OFF→ON	10ms	1ms	<0.2ms；<5ms（仅Y0，Y1）
	ON→OFF	10ms	10ms	<0.2ms；<5ms（仅Y0，Y1）
开路漏电流		#	2.4Ma/240V AC	0.1Ma/30V DC
电路隔离		继电器隔离	光电晶闸管隔离	光耦合器隔离
输出动作显示		线圈通电时LED亮		

3.2　FX系列PLC的系统组成

FX系列PLC由基本单元、扩展单元及特殊模块构成，如图3－1所示。图中基本单元是FX_{2N}－48MR，功能模块从左到右分别是FX_{2N}－485－BD和FX_{0N}－3A。

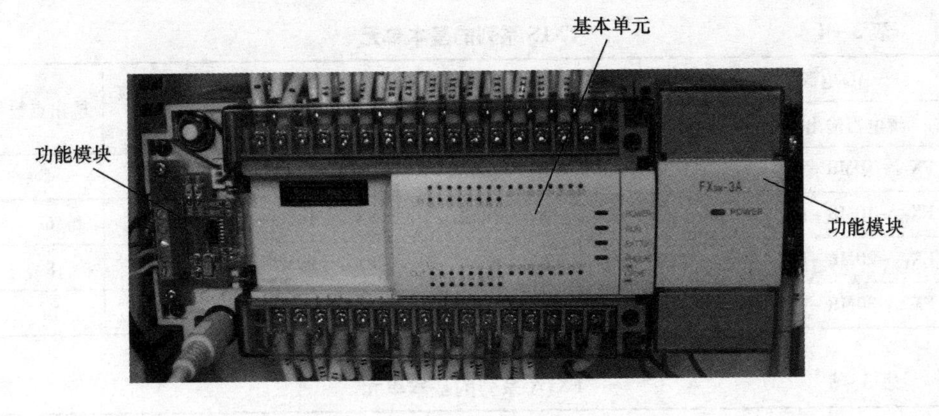

图 3－1　三菱 PLC

3.2.1　FX 系列的型号说明

FX 系列（功能模块除外）型号名称的含义如下：

FX□□-□□ □ □-□
① ② ③ ④ ⑤

①系列名称：如 1S、1N、2N 等。

②输入输出总点数：10～256。

③单元类型：M 为基本单元，E 为输入输出扩展单元模块，EX 为输入专用扩展模块，EY 为输出专用扩展模块。

④输出形式：R 为继电器输出，T 为晶体管输出，S 为双向晶闸管输出。

⑤特殊品种的区别：D 为 DC（直流）电源，DC 输出的模块；A1 为 AC（100～120V）输入或 AC 输出的模块；H 为大电流输出扩展模块（1A/1 点）；V 为采用立式端子排的扩展模块；C 为采用接插口输入输出方式的模块；F 为输入滤波时间常数为 1ms 的扩展模块；L 为 TTL 输入扩展模块；F 为采用独立端子（无公共端）的扩展模块。

若特殊品种一项无符号，为 AC 电源（100～240V）、DC 输入、横式端子排、标准输出（继电器输出为 2A/1 点；晶体管输出为 0.5A/1 点；双向晶闸管输出为 0.3A/1 点）。

例如，FX_{2N}－48MR 属于 FX_{2N} 系列，是有 48 个 I/O 点的基本单元，继电器输出型。

3.2.2　FX 系列的基本单元

基本单元可以独立构成控制系统，内有 CPU、I/O、存储器和供给扩展模块及传感器的标准电源。各 FX 系列基本单元的规格如表 3－4 所示。

表 3-4　　FX1S 系列的基本单元

AC 电源，24V 直流输入		DC 电源，24V 直流输入		输入点数（漏型）	输出点数
继电器输出	晶体管输出	继电器输出	晶体管输出		
FX_{1S}-10MR-001	FX_{1S}-10MT-001	FX_{1S}-10MR-D	FX_{1S}-10MT-D	6	4
FX_{1S}-10MR-001	FX_{1S}-14MT-001	FX_{1S}-14MR-D	FX_{1S}-14MT-D	8	6
FX_{1S}-20MR-001	FX_{1S}-20MT-001	FX_{1S}-20MR-D	FX_{1S}-20MT-D	12	8
FX_{1S}-30MR-001	FX_{1S}-30MT-001	FX_{1S}-30MR-D	FX_{1S}-30MT-D	16	14

表 3-5　　FX1N 系列的基本单元

AC 电源，24V 直流输入		DC 电源，24V 直流输入		输入点数	输出点数
继电器输出	晶体管输出	继电器输出	晶体管输出		
FX_{1N}-24MR-001	FX_{1N}-24MT-001	FX_{1N}-24MR-D	FX_{1N}-24MT-D	14	10
FX_{1N}-40MR-001	FX_{1N}-40MT-001	FX_{1N}-40MR-D	FX_{1N}-40MT-D	24	16
FX_{1N}-60MR-001	FX_{1N}-60MT-001	FX_{1N}-60MR-D	FX_{1N}-60MT-D	36	24

表 3-6　　FX2N 系列的基本单元

AC 电源，24V 直流输入		DC 电源，24V 直流输入		输入点数	输出点数
继电器输出	晶体管输出	继电器输出	晶体管输出		
FX_{2N}-16MR-001	FX_{2N}-16MT-001	#	#	8	8
FX_{2N}-32MR-001	FX_{2N}-32MT-001	FX_{2N}-32MR-D	FX_{2N}-32MT-D	16	16
FX_{2N}-48MR-001	FX_{2N}-48MT-001	FX_{2N}-48MR-D	FX_{2N}-48MT-D	24	24
FX_{2N}-64MR-001	FX_{2N}-64MT-001	FX_{2N}-64MR-D	FX_{2N}-64MT-D	32	32
FX_{2N}-80MR-001	FX_{2N}-80MT-001	FX_{2N}-80MR-D	FX_{2N}-80MT-D	40	40
FX_{2N}-128MR-001	FX_{2N}-128MT-001	#	#	64	64

3.3　FX_{2N}系列 PLC 的编程元件

不同厂家、不同系列的 PLC，其内部软继电器（编程元件）的功能和编号也不相同，因此用户在编制程序时，必须熟悉所选用 PLC 的每条指令涉及编程元件的功能和编号。

FX 系列中几种常用型号 PLC 的编程元件及编号如表 3-7 所示。FX 系列 PLC 编程元件的编号由字母和数字组成，其中输入继电器和输出继电器用八进制数字编号，其他均采用十进制数字编号。为了能全面了解 FX 系列 PLC 的内部软继电器，并结合本中心强化训练所采用的 PLC，下面将以 FX_{2N}为背景对软元件进行介绍。

表 3－7　　FX 系列 PLC 的内部软继电器及编号

编程元件种类 \ PLC 型号		FX_{0S}	FX_{1S}	FX_{0N}	FX_{1N}	FX_{2N}（FX_{2NC}）
输入继电器 X（按八进制编号）		X0 ~ X17（不可扩展）	X0 ~ X17（不可扩展）	X0 ~ X42（可扩展）	X0 ~ X42（可扩展）	X0 ~ X77（可扩展）
输出继电器 Y（按八进制编号）		Y0 ~ Y15（不可扩展）	Y0 ~ Y15（不可扩展）	Y0 ~ Y27（可扩展）	Y0 ~ Y27（可扩展）	Y0 ~ Y77（可扩展）
辅助继电器 M	普通用	M0 ~ M495	M0 ~ M282	M0 ~ M282	M0 ~ M282	M0 ~ M499
	保持用	M496 ~ M511	M28 ~ M511	M28 ~ M511	M28 ~ M1525	M50 ~ M2071
	特殊用	M8000 ~ M8255（具体见使用手册）				
状态寄存器 S	初始状态用	S0 ~ S9	S0 ~ S9	S0 ~ S9	S0 ~ S9	S0 ~ S9
	返回原点用	#	#	#	#	S10 ~ S19
	普通用	S10 ~ S62	S10 ~ S127	S10 ~ S127	S10 ~ S999	S20 ~ S499
	保持用	#	S0 ~ S127	S0 ~ S127	S0 ~ S999	S500 ~ S899
	信号报警用	#	#	#	#	S900 ~ S999
定时器 T	100ms	T0 ~ T49	T0 ~ T62	T0 ~ T62	T0 ~ T199	T0 ~ T199
	10ms	T24 ~ T49	T22 ~ T62	T22 ~ T62	T200 ~ T245	T200 ~ T245
	1ms	#	#	T62	#	#
	1ms 累积	#	T62	#	T246 ~ T249	T246 ~ T249
	100ms 累积	#	#	#	T250 ~ T255	T250 ~ T255
计数器 C	16 位增计数（普通）	C0 ~ C12	C0 ~ C15	C0 ~ C15	C0 ~ C15	C0 ~ C99
	16 位增计数（保持）	C14、C15	C16 ~ C21	C16 ~ C21	C16 ~ C199	C100 ~ C199
	22 位可逆计数（普通）	#	#	#	C200 ~ C219	C200 ~ C219
	22 位可逆计数（保持）	#	#	#	C220 ~ C224	C220 ~ C224
	高速计数器	C225 ~ C255（具体见使用手册）				
数据寄存器 D	16 位普通用	D0 ~ D29	D0 ~ D127	D0 ~ D127	D0 ~ D127	D0 ~ D199
	16 位保持用	D20、D21	D12 ~ D255	D12 ~ D255	D12 ~ D7999	D200 ~ D7999
	16 位特殊用	D8000 ~ D8069	D8000 ~ D8255	D8000 ~ D8255	D8000 ~ D8255	D8000 ~ D8195
	16 位变址用	V Z	V0 ~ V7 Z0 ~ Z7	V Z	V0 ~ V7 Z0 ~ Z7	V0 ~ V7 Z0 ~ Z7

续表

编程元件种类 \ PLC型号		FX_{0S}	FX_{1S}	FX_{0N}	FX_{1N}	FX_{2N}（FX_{2NC}）
指针 N、P、I	嵌套用	N0～N7	N0～N7	N0～N7	N0～N7	N0～N7
	跳转用	P0～P62	P0～P62	P0～P62	P0～P127	P0～P127
	输入中断用	I00＊～I20＊	I00＊～I50＊	I00＊～I20＊	I00＊～I50＊	I00＊～I50＊
	定时器中断	#	#	#	#	I6＊＊～I8＊＊
	计数器中断	#	#	#	#	I010～I060
常数 K、H	16位	K：－22，768～22，767			H：0000～FFFFH	
	22位	K：－2，147，482，648～2，147，482，647			H：00000000～FFFFFFFF	

3.3.1 输入继电器（X）

输入继电器与输入端相连，它是专门用来接受PLC外部开关信号的元件。PLC通过输入接口将外部输入信号状态（接通时为“1”，断开时为“0”）读入并存储在输入映像寄存器中。如图3－2所示为输入继电器X1的等效电路。

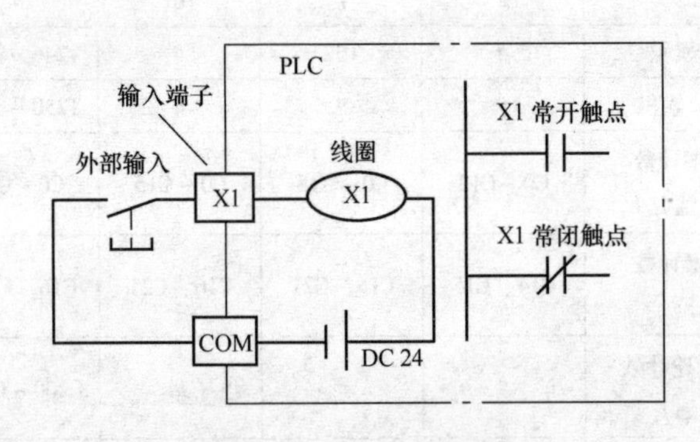

图3－2　输入继电器的等效电路

输入继电器必须由外部信号驱动，不能用程序驱动，所以在程序中不可能出现其线圈。由于输入继电器（X）为输入映像寄存器中的状态，所以其触点的使用次数不限。

FX系列PLC的输入继电器以八进制进行编号，FX_{2N}输入继电器的编号范围为X000～X267（184点）。注意，基本单元输入继电器的编号是固定的，扩展单元和扩展模块是按与基本单元最靠近开始，顺序进行编号。例如：基本单元FX_{2N}－64M的输入继电器编号为X000～X037（32点），如果接有扩展单元或扩展模块，则扩展的输入继电器从X040开始编号。

3.3.2　输出继电器（Y）

输出继电器是用来将 PLC 内部信号输出传送给外部负载（用户输出设备）。输出继电器线圈是由 PLC 内部程序的指令驱动，其线圈状态传送给输出单元，再由输出单元对应的硬触点来驱动外部负载。如图 3－3 所示为输出继电器 Y0 的等效电路。

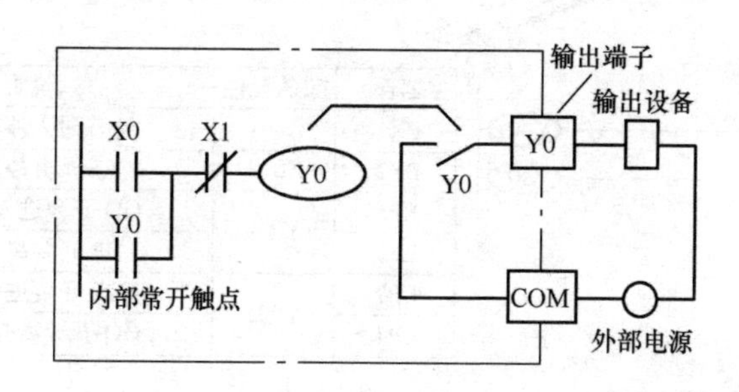

图 3－3　输出继电器的等效电路

每个输出继电器在输出单元中都对应有唯一一个常开硬触点，但在程序中供编程的输出继电器，不管是常开还是常闭触点，都可以无数次使用。

FX 系列 PLC 的输出继电器也是八进制编号，其中 FX_{2N} 编号范围为 Y000 ~ Y267（184 点）。与输入继电器一样，基本单元的输出继电器编号是固定的，扩展单元和扩展模块的编号也是按与基本单元最靠近开始，顺序进行编号。

在实际使用中，输入、输出继电器的数量，要看具体系统的配置情况。

应用实例 1：用在门铃上的一个小开环电路。

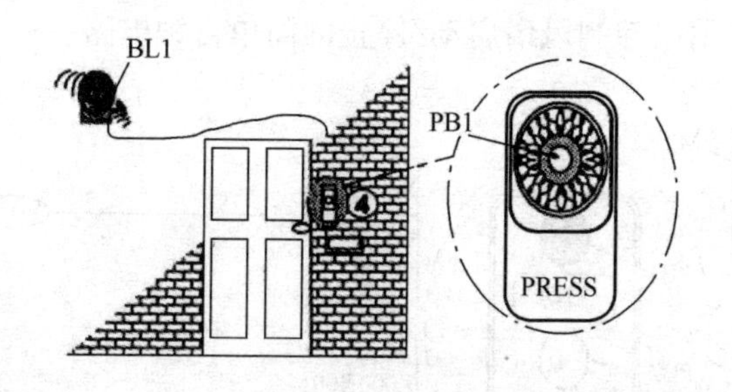

X000　Y000

器件	PC软元件	说明
PB1	X000	门铃按钮
BL1	Y000	门铃

说明：只有在门铃按钮 PB1 被按下时，门铃 BL1 才响。BL1 只能在 PL1 的同一时间段内工作，事实上，BL1 工作完全依赖于 PB1。

应用实例 2：一个用以控制车辆通行的简单互锁电路

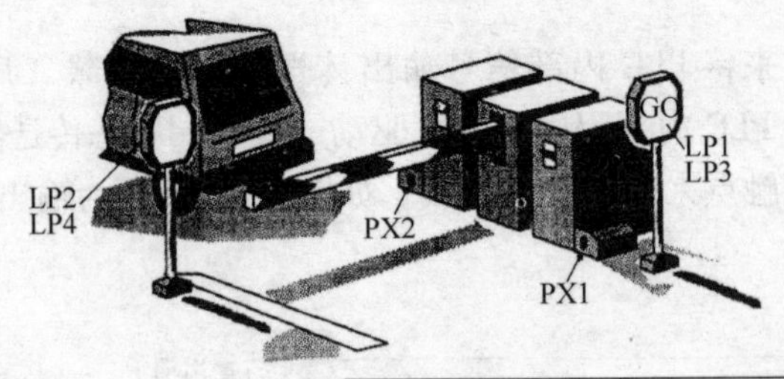

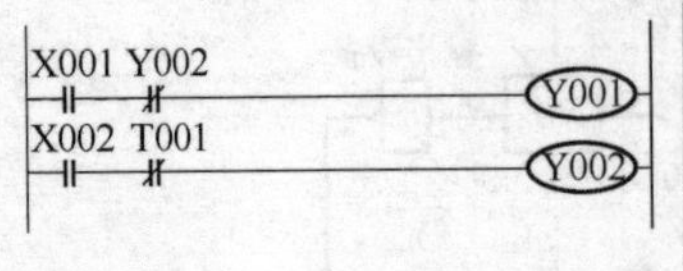

器件	PC软元件	说明
PX1	X001	车进入停车场
PX2	X002	车离开停车场
LP1	Y001	GO-正要进入的车辆
LP2		STOP-正要离开的车辆
LP3	Y002	STOP-正要进入的车辆
LP4		GO-正要离开的车辆

说明：本程序说明了一种互锁输出的简单方法，这也是确保安全的简便方法。在安全要求较高的控制场合，还应该使用机械的或物理的互锁。

本程序操作如下：一辆车接近检票栏前，触发一个接近开关，是 PX1 还是 PX2，这决定于车来的方向。当 PX1 或 PX2 被触发时，输入 X001 或 X002 信号被 PC 接收，每个输入触发一个输出 Y001 或 Y002。

接着被驱动的输出使交通指示灯接通，允许车通过，也就是说，一盏指示灯 G0，另一盏灯也由同一个输出信号控制，指示 STOP。如果有两辆车同时要通过检票栏，互锁结构会保证在任何时刻只有一辆车通过。

先触发的接近开关“锁定”另一个接近开关驱动的输出。程序非常简单地规定动作为“单一/或”方式，永远不会同时发生。

应用实例 3：一个用以控制风扇启动/停止的简单自锁电路

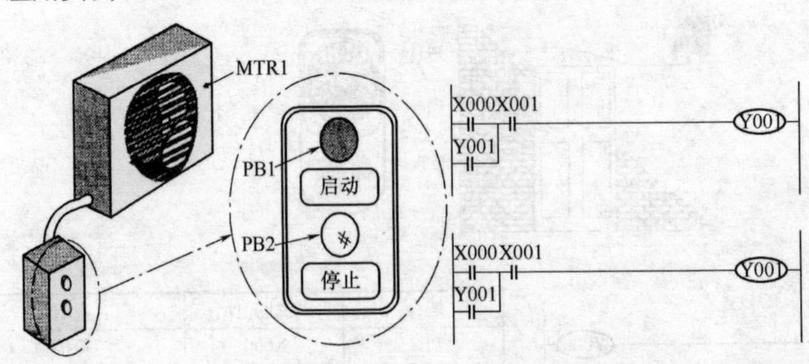

器件	PC软元件	说明
PB1	X000	启动按钮
PB2	X001	停止按钮
MTR1	Y001	电机电源

说明：按下按钮 PB1，风扇启动。按钮 PB1 中表示为输入 X000。X000 接通，输出 Y001 被接通，这样使得电扇 MTR1 运行。若为使电扇运转而一直按着 PB1，那是很不方便的。一个小的自锁电路由此产生，它能把程序输出 Y001 当作一个输入条件来实现。这意味着按钮 PB1 只需按一下，电扇就能连续运转。但是，电扇怎么停呢？使用与停止按钮 PB2 相连的常闭触点 X001 输入，锁定输出 Y001 就被断开，电扇就停止了。

3.3.3　辅助继电器（M）

辅助继电器是 PLC 中数量最多的一种继电器，一般的辅助继电器与继电器控制系统中的中间继电器相似。

辅助继电器不能直接驱动外部负载，负载只能由输出继电器的外部触点驱动。辅助继电器的常开与常闭触点在 PLC 内部编程时可无限次使用。

辅助继电器采用 M 与十进制数共同组成编号（只有输入、输出继电器才用八进制数）。

3.3.3.1　通用辅助继电器（M0～M499）

FX_{2N}系列共有 500 点通用辅助继电器。通用辅助继电器在 PLC 运行时，如果电源突然断电，则全部线圈均 OFF。当电源再次接通时，除了因外部输入信号而变为 ON 的以外，其余的仍将保持 OFF 状态，它们没有断电保护功能。通用辅助继电器常在逻辑运算中作为辅助运算、状态暂存、移位等。

根据需要可通过程序设定，将 M0～M499 变为断电保持辅助继电器。

3.3.3.2　断电保持辅助继电器（M500～M2071）

FX_{2N}系列有 M500～M2071 共 2572 个断电保持辅助继电器。它与普通辅助继电器不同的是具有断电保护功能，即能记忆电源中断瞬时的状态，并在重新通电后再现其状态。它之所以能在电源断电时保持其原有的状态，是因为电源中断时用 PLC 中的锂电池保持它们映像寄存器中的内容。其中 M500～M1022 可由软件将其设定为通用辅助继电器。

下面通过小车往复运动控制来说明断电保持辅助继电器的应用，如图 3－4 所示。

小车的正反向运动中，用 M600、M601 控制输出继电器驱动小车运动。X1、X0 为限位输入信号。运行的过程是：X0 ＝ ON→M600 ＝ ON→Y0 ＝ ON→小车右行→停电→小车中途停止→上电（M600 ＝ ON→Y0 ＝ ON）再右行→X1 ＝ ON→M600 ＝ OFF、M601 ＝ ON→Y1 ＝ ON（左行）。可见由于 M600 和 M601 具有断电保持，所以在小车中途因停电停止后，一旦电源恢复，M600 或 M601 仍记忆原来的状态，将由它们控制相应输出继电器，小车继续原方向运动。若不用断电保护辅助继电器当小车中途断电后，再次得电小车也不能运动。

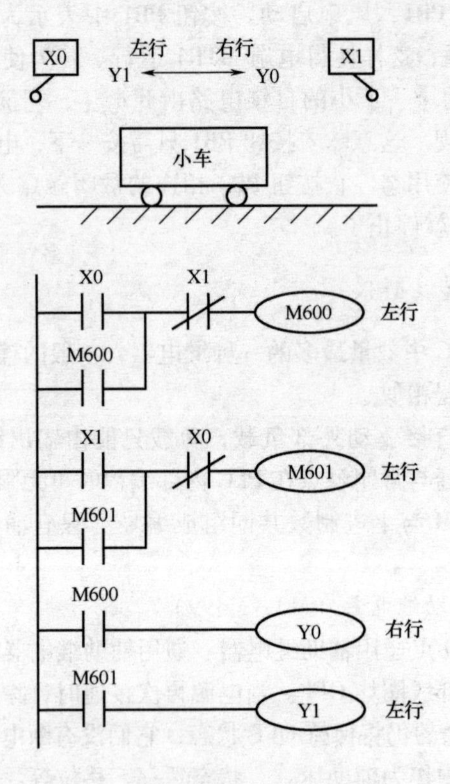

图3－4　断电保持辅助继电器的作用

3.3.3.3　特殊辅助继电器

PLC 内有大量的特殊辅助继电器，它们都有各自的特殊功能。FX_{2N}系列中有256个特殊辅助继电器，可分成触点型和线圈型两大类。

(1) 触点型

其线圈由 PLC 自动驱动，用户只可使用其触点。例如：

M8000：运行监视器（在 PLC 运行中接通），M8001 与 M8000 相反逻辑。

M8002：初始脉冲（仅在运行开始时瞬间接通），M8003 与 M8002 相反逻辑。

M8011、M8012、M8012 和 M8014 分别是产生 10ms、100ms、1s 和 1min 时钟脉冲的特殊辅助继电器。

M8000、M8002、M8012 的波形图如图 3－5 所示。

(2) 线圈型

由用户程序驱动线圈后 PLC 执行特定的动作。例如：

M8022：若使其线圈得电，则 PLC 停止时保持输出映像存储器和数据寄存器内容。

M8024：若使其线圈得电，则将 PLC 的输出全部禁止。

M8029：若使其线圈得电，则 PLC 按 D8029 中指定的扫描时间工作。

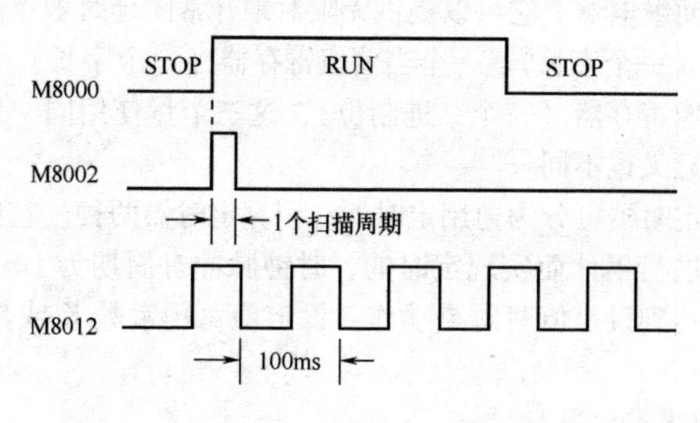

图 3－5　M8000、M8002、M8012 波形图

3.3.4　状态器（S）

状态器用来纪录系统运行中的状态，是编制顺序控制程序的重要编程元件，它与后述的步进顺控指令 STL 配合应用。

如图 3－6 所示，我们用机械手动作简单介绍状态器 S 的作用。当启动信号 X0 有效时，机械手下降，到下降限位 X1 开始夹紧工件，加紧到位信号 X2 为 ON 时，机械手上升到上限 X2 则停止。整个过程可分为三步，每一步都用一个状态器 S20、S21、S22 记录。每个状态器都有各自的置位和复位信号（如 S21 由 X1 置位，X2 复位），并有各自要做的操作（驱动 Y0、Y1、Y2）。从启动开始由上至下随着状态动作的转移，下一状态动作则上面状态自动返回原状。这样使每一步的工作互不干扰，不必考虑不同步之间元件的互锁，使设计清晰简洁。

状态器有五种类型：初始状态器 S0～S9，共 10 点；回零状态器 S10～S19，共 10 点；通用状态器 S20～S499，共 480 点；具有状态断电保持的状态器 S500～S899，共 400 点；供报警用的状态器（可用作外部故障诊断输出）S900～S999，共 100 点。

在使用用状态器时应注意：

①状态器与辅助继电器一样有无数的常开和常闭触点；

②状态器不与步进顺控指令 STL 配合使用时，可作为辅助继电器 M 使用；

③FX_{2N}系列 PLC 可通过程序设定将 S0～S499 设置为有断电保持功能的状态器。

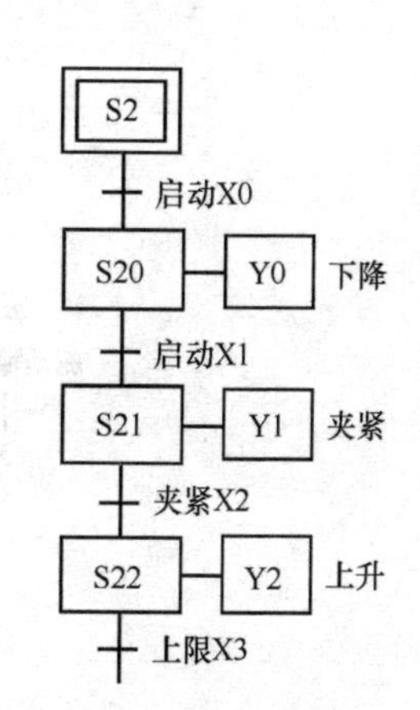

图 3－6　状态器（S）的作用

3.3.5　定时器（T）

PLC 中的定时器（T）相当于继电器控制系

统中的通电型时间继电器。它可以提供无限对常开常闭延时触点。定时器中有一个设定值寄存器（一个字长），一个当前值寄存器（一个字长）和一个用来存储其输出触点的映像寄存器（一个二进制位），这三个量使用同一地址编号。但使用场合不一样，意义也不同。

FX_{2N}系列中定时器可分为通用定时器、积算定时器两种。它们是通过对一定周期的时钟脉冲进行累计而实现定时的，时钟脉冲有周期为1ms、10ms、100ms三种，当所计数达到设定值时触点动作。设定值可用常数K或数据寄存器D的内容来设置。

3.3.5.1　通用定时器

通用定时器的特点是不具备断电的保持功能，即当输入电路断开或停电时定时器复位。通用定时器有100ms和10ms通用定时器两种。

（1）100ms通用定时器（T0～T199）　共200点，其中T192～T199为子程序和中断服务程序专用定时器。这类定时器是对100ms时钟累积计数，设定值为1～22767，所以其定时范围为0.1～2276.7s。

（2）10ms通用定时器（T200～T245）　共46点。这类定时器是对10ms时钟累积计数，设定值为1～22767，所以其定时范围为0.01～227.67s。

下面举例说明通用定时器的工作原理。如图3－7所示，当输入X0接通时，

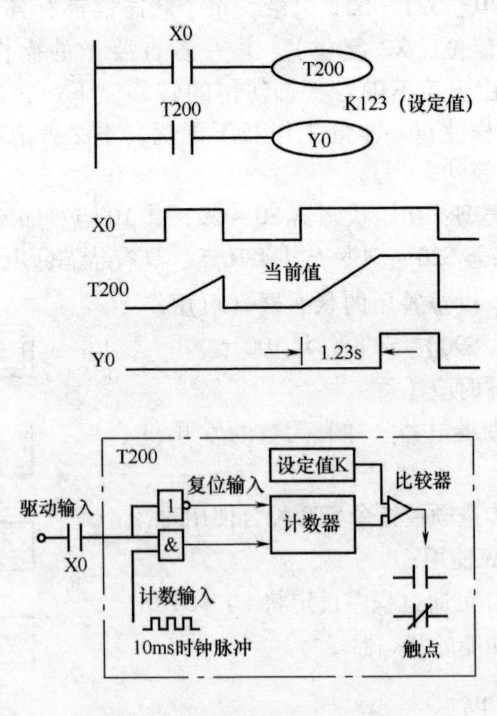

图3－7　通用定时器工作原理

定时器 T200 从 0 开始对 10ms 时钟脉冲进行累积计数，当计数值与设定值 K123 相等时，定时器的常开接通 Y0，经过的时间为 123 ×0. 01 =1. 23（s）。当 X0 断开后定时器复位，计数值变为 0，其常开触点断开，Y0 也随之 OFF。若外部电源断电，定时器也将复位。

3. 3. 5. 2　积算定时器

积算定时器具有计数累积的功能。在定时过程中如果断电或定时器线圈 OFF，积算定时器将保持当前的计数值（当前值），通电或定时器线圈 ON 后继续累积，即其当前值具有保持功能，只有将积算定时器复位，当前值才变为 0。

（1）1ms 积算定时器（T246 ~ T249）　共 4 点，是对 1ms 时钟脉冲进行累积计数的，定时的时间范围为 0. 001 ~22. 767s。

（2）100ms 积算定时器（T250 ~ T255）　共 6 点，是对 100ms 时钟脉冲进行累积计数的，定时的时间范围为 0. 1 ~2276. 7s。

以下举例说明积算定时器的工作原理。如图 3 －8 所示，当 X0 接通时，T253 当前值计数器开始累积 100ms 的时钟脉冲次数；当 X0 经过时间 T0 断开，而 T253 尚未计数到设定值 K345，其计数的当前值保留；当 X0 再次接通，T253 从保留的当前值开始继续累积，经过 T1 时间，当前值达到 K345 时，定时器的触点动作；累积的时间为 T0 + T1 =0. 1 ×345 =34. 5（s）；当复位输入 X1 接通时，定时器才复位，当前值变为 0，触点也跟随复位。

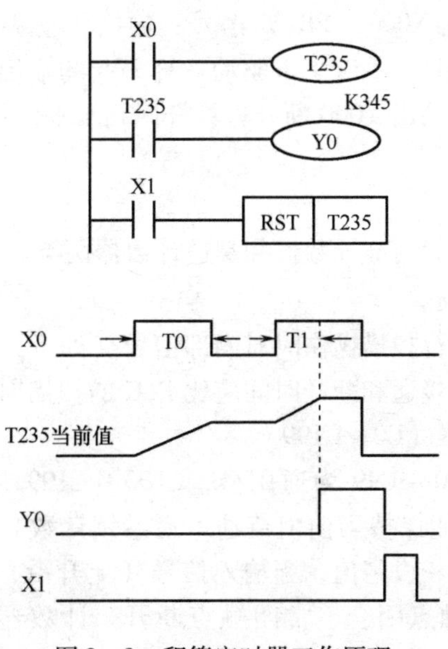

图 3 －8　积算定时器工作原理

应用实例4：一个简单的定时电路（下面的定时结构用来延迟检票栏的关闭）

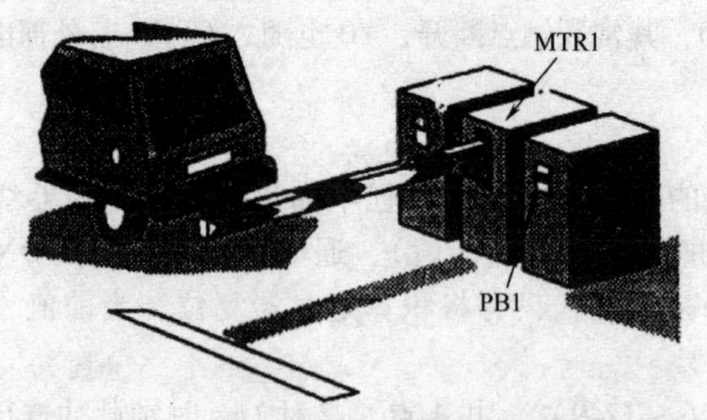

器件	PC软元件	说明
PB1	X000	取停车票
MTR1	Y000	升起栏杆
	T000	栏杆复位到水平位置前的时间延迟

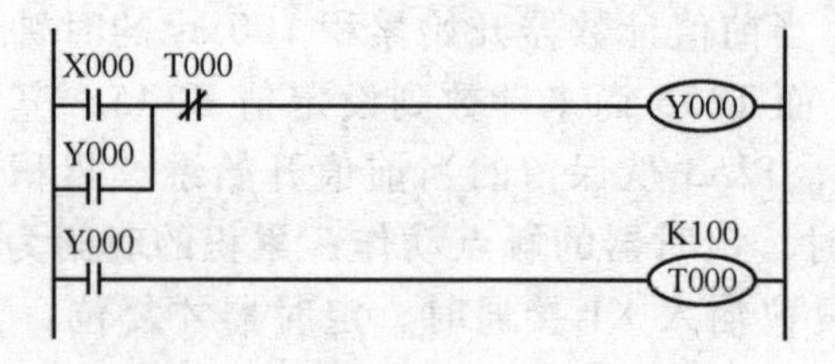

说明：当一辆车到达检票栏时，司机按下按钮PB1，取一张停车票后，允许车进入停车场。一收到X000（PB1）信号，输出驱动MTR1，栏杆升起。因为PB1的初始输入是瞬时的，所以用来驱动栏杆升起的输出自锁。定时器计时10s后，自锁断开。这时，输出Y000断开，栏杆回到水平位置，等待下一辆车。

3.3.6 计数器（C）

FX_{2N}系列计数器分为内部计数器和高速计数器两类。

3.3.6.1 内部计数器

内部计数器是在执行扫描操作时对内部信号（如X、Y、M、S、T等）进行计数。内部输入信号的接通和断开时间应比PLC的扫描周期稍长。

（1）16位增计数器（C0～C199）

共200点，其中C0～C99为通用型，C100～C199共100点为断电保持型（断电保持型即断电后能保持当前值待通电后继续计数）。这类计数器为递加计数，应用前先对其设置一设定值，当输入信号（上升沿）个数累加到设定值时，计数器动作，其常开触点闭合、常闭触点断开。计数器的设定值为1～22767（16位二进制），设定值除了用常数K设定外，还可间接通过指定数据寄存器设定。

下面举例说明通用型 16 位增计数器的工作原理。如图 3－9 所示，X10 为复位信号，当 X10 为 ON 时 C0 复位；X11 是计数输入，每当 X11 接通一次计数器当前值增加 1（注意 X10 断开，计数器不会复位）；当计数器计数当前值为设定值 10 时，计数器 C0 的输出触点动作，Y0 被接通；此后即使输入 X11 再接通，计数器的当前值也保持不变；当复位输入 X10 接通时，执行 RST 复位指令，计数器复位，输出触点也复位，Y0 被断开。

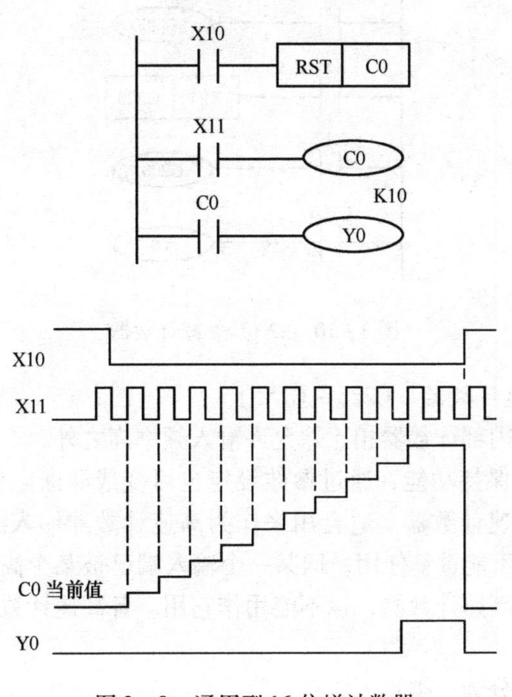

图 3－9　通用型 16 位增计数器

（2）22 位增/减计数器（C200～C224）

共有 25 点 22 位加/减计数器，其中 C200～C219（共 20 点）为通用型，C220～C224（共 15 点）为断电保持型。这类计数器与 16 位增计数器除位数不同外，还在于它能通过控制实现加/减双向计数。设定值范围均为－214782648～214782647（22 位）。

C200～C224 是增计数还是减计数，分别由特殊辅助继电器 M8200～M8224 设定。对应的特殊辅助继电器被置为 ON 时为减计数，置为 OFF 时为增计数。

计数器的设定值与 16 位计数器一样，可直接用常数 K 或间接用数据寄存器 D 的内容作为设定值。在间接设定时，要用编号紧连在一起的两个数据计数器。

如图 3－10 所示，X10 用来控制 M8200，X10 闭合时为减计数方式；X12 为计数输入，C200 的设定值为 5（可正、可负）；设 C200 置为增计数方式（M8200 为 OFF），当 X12 计数输入累加由 4→5 时，计数器的输出触点动作；当前值大于 5 时计数器仍为 ON 状态；只有当前值由 5→4 时，计数器才变为 OFF。只要当前值小于 4，则输出保持为 OFF 状态；复位输入 X11 接通时，计数器的当前值为 0，输出触点也随之复位。

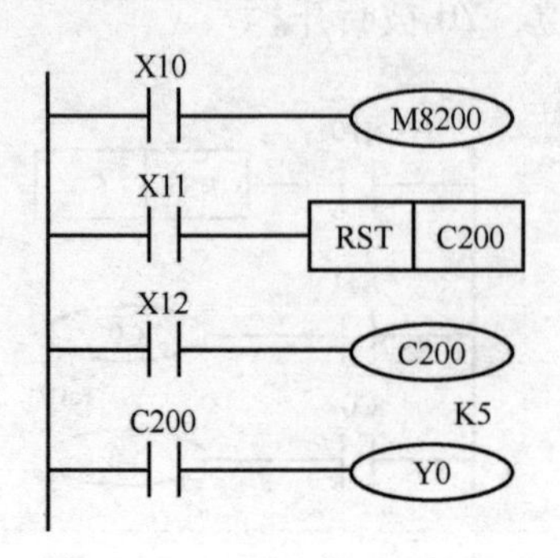

图 3－10　22 位增/减计数器

3.3.6.2　高速计数器（C225～C255）

高速计数器与内部计数器相比除允许输入频率高之外，应用也更为灵活，高速计数器均有断电保持功能，通过参数设定也可变成非断电保持。FX_{2N} 有 C225～C255 共 21 点高速计数器。适合用来作为高速计数器输入的 PLC 输入端口有 X0～X7。X0～X7 不能重复使用，即某一个输入端已被某个高速计数器占用，它就不能再用于其他高速计数器，也不能用作它用。各高速计数器对应的输入端如表 3－8 所示。

高速计数器可分为三类：

（1）单相单计数输入高速计数器（C225～C245）

其触点动作与 22 位增/减计数器相同，可进行增或减计数（取决于 M8225～M8245 的状态）。

如图 3－11（a）所示为无启动/复位端单相单计数输入高速计数器的应用。当 X10 断开，M8235 为 OFF，此时 C235 为增计数方式（反之为减计数）。由 X12 选中 C235，从表 3－8 中可知其输入信号来自于 X0，C235 对 X0 信号增计数，当前值达到 1234 时，C235 常开接通，Y0 得电。X11 为复位信号，当 X11 接通时，C235 复位。

如图 3－11（b）所示为带启动/复位端单相单计数输入高速计数器的应用。由表 3－8 可知，X1 和 X6 分别为复位输入端和启动输入端。利用 X10 通过 M8244 可设定其增/减计数方式。当 X12 为接通，且 X6 也接通时，则开始计数，计数的输入信号来自于 X0，C244 的设定值由 D0 和 D1 指定。除了可用 X1 立即复位外，也可用梯形图中的 X11 复位。

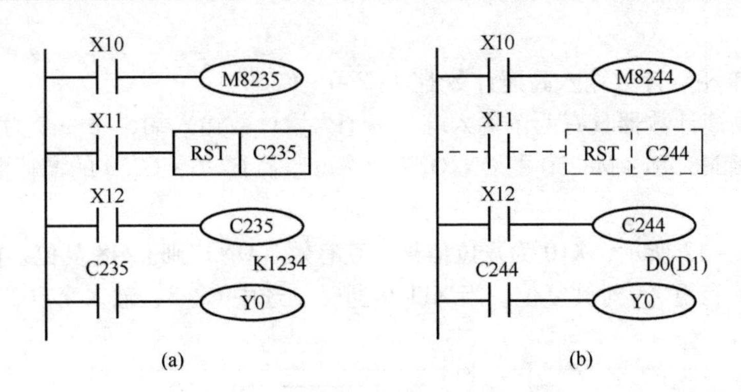

图 3－11　单相单计数输入高速计数器

（a）无启动/复位端　（b）带启动/复位端

表 3－8　　高速计数器简表

计数器 \ 输入		X0	X1	X2	X3	X4	X5	X6	X7
单相单计数输入	C235	U/D							
	C236		U/D						
	C237			U/D					
	C238				U/D				
	C239					U/D			
	C240						U/D		
	C241	U/D	R						
	C242			U/D	R				
	C242				U/D	R			
	C244	U/D	R					S	
	C245			U/D	R				S
单相双计数输入	C246	U	D						
	C247	U	D	R					
	C248				U	D	R		
	C249	U	D	R				S	
	C250				U	D	R		S
双相	C251	A	B						
	C252	A	B	R					
	C252				A	B	R		
	C254	A	B	R				S	
	C255				A	B	R		S

注：表中 U 表示加计数输入，D 为减计数输入，B 表示 B 相输入，A 为 A 相输入，R 为复位输入，S 为启动输入。X6、X7 只能用作启动信号，而不能用作计数信号。

（2）单相双计数输入高速计数器（C246～C250）

这类高速计数器具有两个输入端，一个为增计数输入端，另一个为减计数输入端。利用 M8246～M8250 的 ON/OFF 动作可监控 C246～C250 的增计数/减计数动作。

如图 3－12 所示，X10 为复位信号，其有效（ON）则 C248 复位。由表 3－8 可知，也可利用 X5 对其复位。当 X11 接通时，选中 C248，输入来自 X2 和 X4。

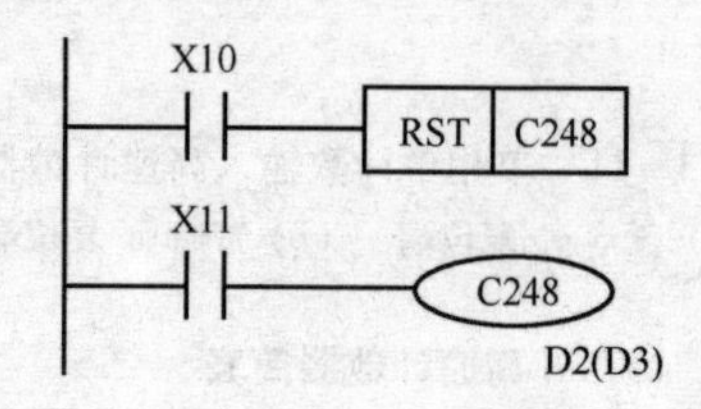

图 3－12　单相双计数输入高速计数器

（3）双相高速计数器（C251～C255）

A 相和 B 相信号决定计数器是增计数还是减计数。当 A 相为 ON 时，B 相由 OFF 到 ON，则为增计数；当 A 相为 ON 时，若 B 相由 ON 到 OFF，则为减计数，如图 3－13（a）所示。

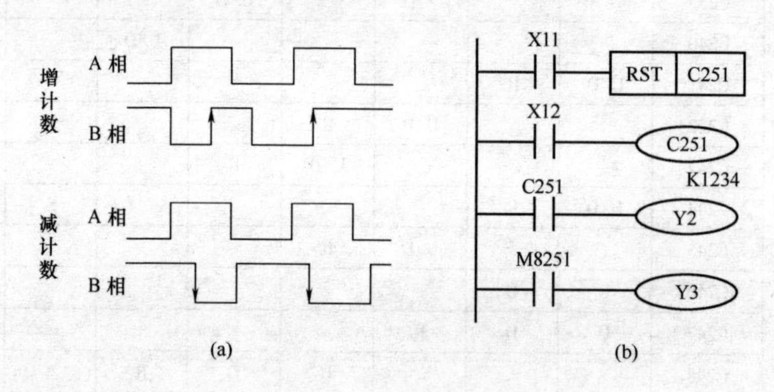

图 3－13　双相高速计数器

如图 3－13（b）所示，当 X12 接通时，C251 计数开始。由表 3－8 可知，其输入来自 X0（A 相）和 X1（B 相）。只有当计数使当前值超过设定值，则 Y2 为 ON。如果 X11 接通，则计数器复位。根据不同的计数方向，Y2 为 ON（增计数）或为 OFF（减计数），即用 M8251～M8255，可监视 C251～C255 的加/减计数状态。

注意：高速计数器的计数频率较高，它们的输入信号的频率受两方面的限制。一是全部高速计数器的处理时间，因它们采用中断方式，所以计数器用的越少，则可计数频率就越高；二是输入端的响应速度，其中 X0、X2、X3 最高频率为 10kHz，X1、X4、X5 最高频率为 7kHz。

应用实例 5：一个简单的计数器（这个计数程序用来累计随传送带移动的瓶子数量）

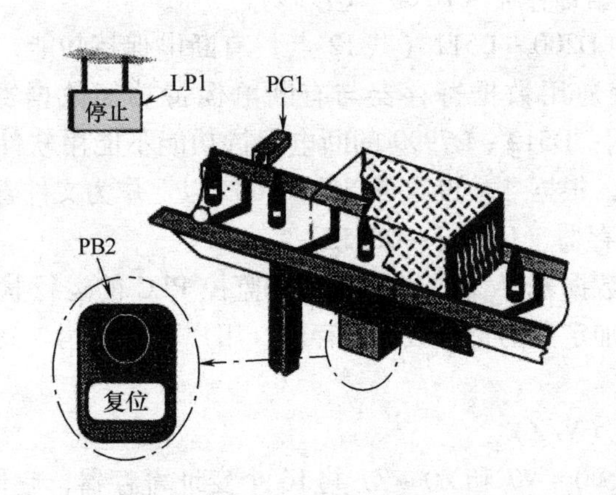

X000 —— K3000 (C000)
C000 —— (Y000)
X001 —— [RST C000]

器件	PC软元件	说明
PC1	X000	瓶子计数光电管
LP1	Y000	停止装载指示灯
PB2	X001	复位计数器按钮
	C000	计数器

说明：当瓶子在传动带动移过来时，它们挡住光管 PC1 的光线。每次光线被挡住，代表 PC1 的输入 X000 变为 ON，程序启动计数器。这里，C000 用来记录经过 PC1 的瓶子数量。C000 事先设定一个计数上限，这样就能提供一天或一班次处理的瓶子总数，本例中上限定为 3000。

一旦计数器达到上限值，C000 的输出线圈闭合。为了向外部表示计数任务已完成，计数器 C000 的一个触点用来激活输出 Y000，启动“停止”指示灯 LP1，从而使操作者知道目的已达到。

因为计数器会保持它的数据，所以需要一种复位当前计数值的方法，可以用“复位”按钮 PB2 实现。PB2 对应于输入 X001，它使计数器当前值复位为 0。“停止”指示灯熄灭，整个系统准备下一批 3000 个瓶子经过。

3.3.7　数据寄存器（D）

PLC 在进行输入输出处理、模拟量控制、位置控制时，需要许多数据寄存器存储数据和参数。数据寄存器为 16 位，最高位为符号位。可用两个数据寄存器来存储 22 位数据，最高位仍为符号位。数据寄存器有以下几种类型：

（1）通用数据寄存器（D0～D199）

共200点。当M8022为ON时，D0～D199有断电保护功能；当M8022为OFF时则它们无断电保护，这种情况PLC由RUN→STOP或停电时，数据全部清零。

（2）断电保持数据寄存器（D200～D7999）

共7800点。其中D200～D511（共12点）有断电保持功能，可以利用外部设备的参数设定改变通用数据寄存器与有断电保持功能数据寄存器的分配；D490～D509供通信用；D512～D7999的断电保持功能不能用软件改变，但可用指令清除它们的内容。根据参数设定可以将D1000以上作为文件寄存器。

（3）特殊数据寄存器（D8000～D8255）

共256点。特殊数据寄存器的作用是用来监控PLC的运行状态，如扫描时间、电池电压等。未加定义的特殊数据寄存器，用户不能使用。具体可参见用户手册。

（4）变址寄存器（V/Z）

FX_{2N}系列PLC有V0～V7和Z0～Z7共16个变址寄存器，它们都是16位的寄存器。变址寄存器V/Z实际上是一种特殊用途的数据寄存器，其作用相当于计算机中的变址寄存器，用于改变元件的编号（变址），例如V0＝5，则执行D20V0时，被执行的编号为D25（D20＋5）。变址寄存器可以像其他数据寄存器一样进行读写，需要进行22位操作时，可将V、Z串联使用（Z为低位，V为高位）。

3.3.8 指针（P、I）

在FX系列中，指针用来指示分支指令的跳转目标和中断程序的入口标号。分为分支用指针、输入中断指针及定时中断指针和记数中断指针。

3.3.8.1 分支用指针（P0～P127）

FX_{2N}有P0～P127共128点分支用指针。分支指针用来指示跳转指令（CJ）的跳转目标或子程序调用指令（CALL）调用子程序的入口地址。

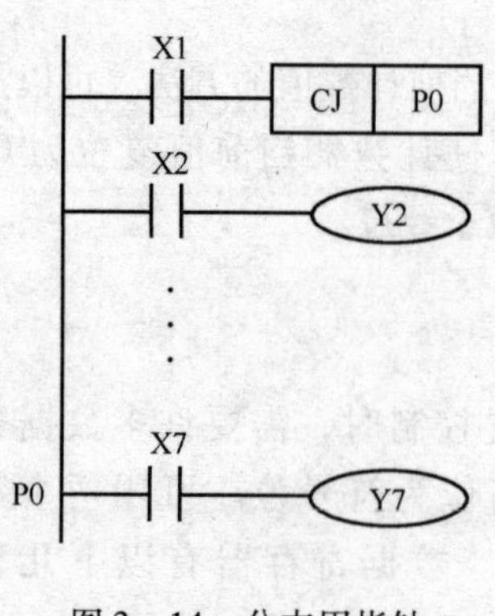

图3－14 分支用指针

如图3－14所示，当X1常开接通时，执行跳转指令CJ P0，PLC跳到标号为P0处之后的程序去执行。

3.3.8.2 中断指针（I0□□～I8□□）

中断指针是用来指示某一中断程序的入口位置。执行中断后遇到IRET（中断返回）指令，则返回主程序。中断用指针有以下三种类型：

（1）输入中断用指针（I00□～I50□）

共 6 点，它是用来指示由特定输入端的输入信号而产生中断的中断服务程序的入口位置，这类中断不受 PLC 扫描周期的影响，可以及时处理外界信息。输入中断用指针的编号格式如下：

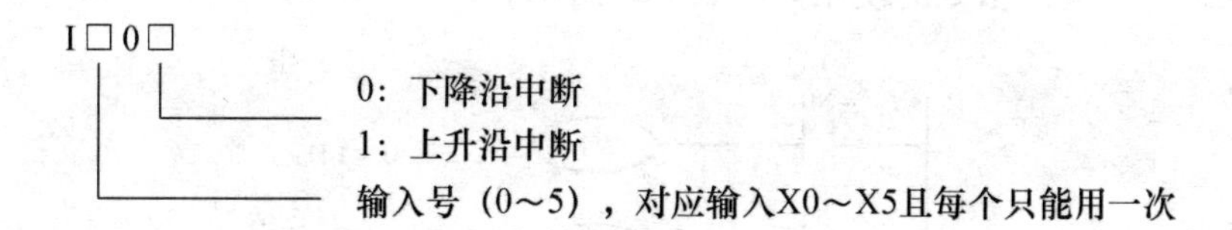

例如：I101 为当输入 X1 从 OFF→ON 变化时，执行以 I101 为标号后面的中断程序，并根据 IRET 指令返回。

（2）定时器中断用指针（I6□□～I8□□）

共 2 点，是用来指示周期定时中断的中断服务程序的入口位置，这类中断的作用是 PLC 以指定的周期定时执行中断服务程序，定时循环处理某些任务。处理的时间不受 PLC 扫描周期的限制。□□表示定时范围，可在 10～99ms 中选取。

（3）计数器中断用指针（I010～I060）

共 6 点，它们用在 PLC 内置的高速计数器中。根据高速计数器的计数当前值与计数设定值之关系确定是否执行中断服务程序。它常用于利用高速计数器优先处理计数结果的场合。

3.3.9　常数（K、H）

K 是表示十进制整数的符号，主要用来指定定时器或计数器的设定值及应用功能指令操作数中的数值；H 是表示十六进制数，主要用来表示应用功能指令的操作数值。例如 20 用十进制表示为 K20，用十六进制则表示为 H14。

3.4　FX_{2N}系列 PLC 的基本指令

FX 系列 PLC 有基本逻辑指令 20 或 27 条、步进指令 2 条、功能指令 100 多条（不同系列有所不同）。本节以 FX_{2N}为例，介绍其基本逻辑指令和步进指令及其应用。

3.4.1　取指令与输出指令（LD/LDI/LDP/LDF/OUT）

（1）LD（取指令）　一个常开触点与左母线连接的指令，每一个以常开触点开始的逻辑行都用此指令。

（2）LDI（取反指令）　一个常闭触点与左母线连接的指令，每一个以常闭触点开始的逻辑行都用此指令。

（3）LDP（取上升沿指令）　与左母线连接的常开触点的上升沿检测指令，

仅在指定位元件的上升沿（由 OFF→ON）时接通一个扫描周期。

(4) LDF（取下降沿指令） 与左母线连接的常闭触点的下降沿检测指令。

(5) OUT（输出指令） 对线圈进行驱动的指令，也称为输出指令。

取指令与输出指令的使用如图 3－15 所示。

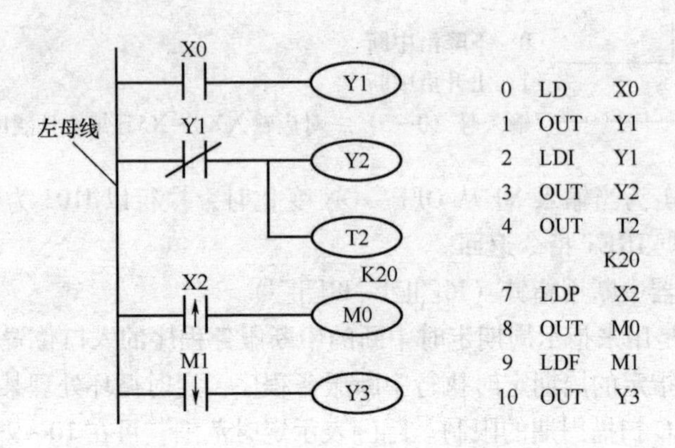

图 3－15 取指令与输出指令的使用

取指令与输出指令的使用说明：

① LD、LDI 指令既可用于输入左母线相连的触点，也可与 ANB、ORB 指令配合实现块逻辑运算。

② LDP、LDF 指令仅在对应元件有效时维持一个扫描周期的接通。图 3－15 中，当 M1 有一个下降沿时，则 Y2 只有一个扫描周期为 ON。

③ LD、LDI、LDP、LDF 指令的目标元件为 X、Y、M、T、C、S。

④ OUT 指令可以连续使用若干次（相当于线圈并联），对于定时器和计数器，在 OUT 指令之后应设置常数 K 或数据寄存器。

⑤ OUT 指令目标元件为 Y、M、T、C 和 S，但不能用于 X。

3.4.2 触点串联指令（AND/ANI/ANDP/ANDF）

(1) AND（与指令） 一个常开触点串联连接指令，完成逻辑“与”运算。

(2) ANI（与反指令） 一个常闭触点串联连接指令，完成逻辑“与非”运算。

(3) ANDP 上升沿检测串联连接指令。

(4) ANDF 下降沿检测串联连接指令。

触点串联指令的使用如图 3－16 所示。

触点串联指令的使用说明：

① AND、ANI、ANDP、ANDF 都是指单个触点串联连接的指令，串联次数没有限制，可反复使用。

② AND、ANI、ANDP、ANDF 的目标元件为 X、Y、M、T、C 和 S。

0	LD	X2
1	AND	X0
2	OUT	Y3
3	LD	Y3
4	ANI	X3
5	OUT	M101
6	AND	T1
7	OUT	Y4
8	LD	M3
9	ANDP	T5
10	ANDF	M2
11	OUT	M0

图3-16 触点串联指令的使用

③ 图3-16中OUT M101指令之后通过T1的触点去驱动Y4称为连续输出。

3.4.3 触点并联指令（OR/ORI/ORP/ORF）

（1）OR（或指令） 用于单个常开触点的并联，实现逻辑“或”运算。

（2）ORI（或非指令） 用于单个常闭触点的并联，实现逻辑“或非”运算。

（3）ORP 上升沿检测并联连接指令。

（4）ORF 下降沿检测并联连接指令。

触点并联指令的使用如图3-17所示。

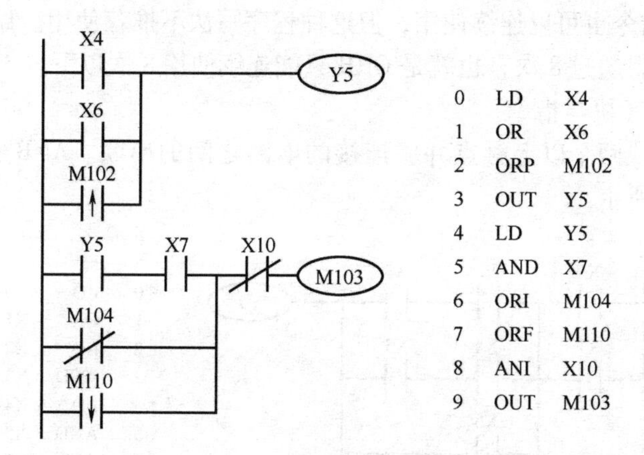

图3-17 触点并联指令的使用

触点并联指令的使用说明：

① OR、ORI、ORP、ORF指令都是指单个触点的并联，并联触点的左端接到LD、LDI、LDP或LPF处，右端与前一条指令对应触点的右端相连。触点并联指令连续使用的次数不限。

② OR、ORI、ORP、ORF 指令的目标元件为 X、Y、M、T、C、S。

3.4.4 块操作指令（ORB/ANB）

（1）ORB（块或指令）

用于两个或两个以上的触点串联连接的电路之间的并联。ORB 指令的使用如图 3-18 所示。

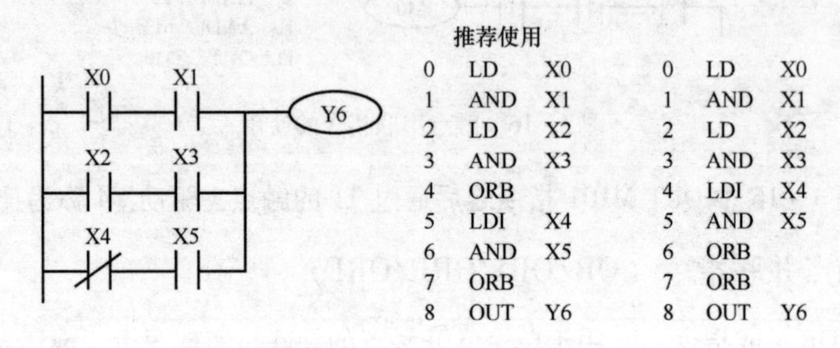

图 3-18 ORB 指令的使用

ORB 指令的使用说明：

①几个串联电路块并联连接时，每个串联电路块开始时应该用 LD 或 LDI 指令。

②有多个电路块并联回路，如对每个电路块使用 ORB 指令，则并联的电路块数量没有限制。

③ ORB 指令也可以连续使用，但这种程序写法不推荐使用。LD 或 LDI 指令的使用次数不得超过 8 次，也就是 ORB 只能连续使用 8 次以下。

（2）ANB（块与指令）

用于两个或两个以上触点并联连接的电路之间的串联。ANB 指令的使用说明如图 3-19 所示。

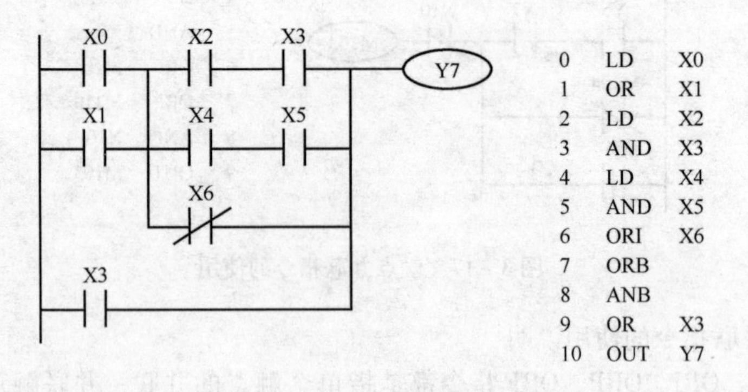

图 3-19 ANB 指令的使用

ANB 指令的使用说明：

①并联电路块串联连接时，并联电路块的开始均用 LD 或 LDI 指令。

② 多个并联回路块连接按顺序和前面的回路串联时，ANB 指令的使用次数没有限制。也可连续使用 ANB，但与 ORB 一样，使用次数在 8 次以下。

3. 4. 5　置位与复位指令（SET/RST）

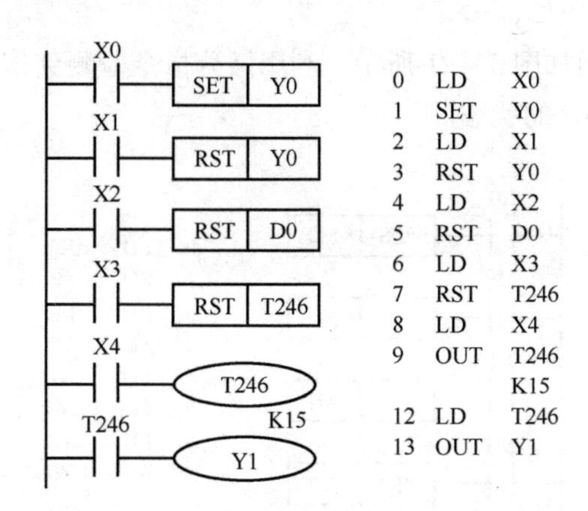

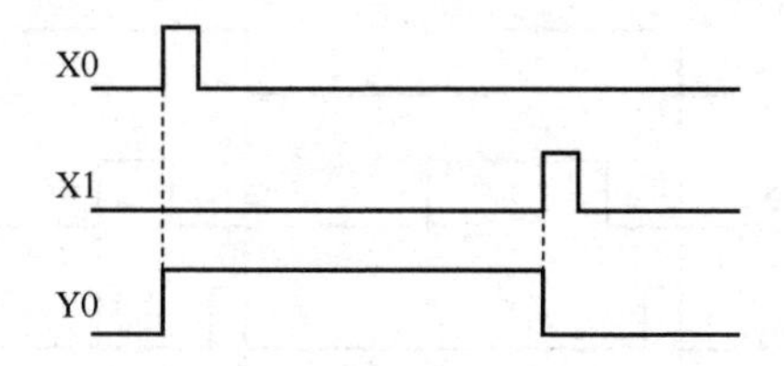

图 3 - 20　置位与复位指令的使用

（1）SET（置位指令）　它的作用是使被操作的目标元件置位并保持。

（2）RST（复位指令）　使被操作的目标元件复位并保持清零状态。

SET、RST 指令的使用如图 3 - 20 所示。当 X0 常开接通时，Y0 变为 ON 状态并一直保持该状态，即使 X0 断开 Y0 的 ON 状态仍维持不变；只有当 X1 的常开闭合时，Y0 才变为 OFF 状态并保持，即使 X1 常开断开，Y0 也仍为 OFF 状态。

SET、RST 指令的使用说明：

① SET 指令的目标元件为 Y、M、S，RST 指令的目标元件为 Y、M、S、T、C、D、V 、Z。RST 指令常被用来对 D、Z、V 的内容清零，还用来复位积算定时器和计数器。

② 对于同一目标元件，SET、RST 可多次使用，顺序也可随意，但最后执行者有效。

3.4.6 微分指令（PLS/PLF）

（1）PLS（上升沿微分指令） 在输入信号上升沿产生一个扫描周期的脉冲输出。

（2）PLF（下降沿微分指令） 在输入信号下降沿产生一个扫描周期的脉冲输出。

微分指令的使用如图3-21所示，利用微分指令检测到信号的边沿，通过置位和复位命令控制Y0的状态。

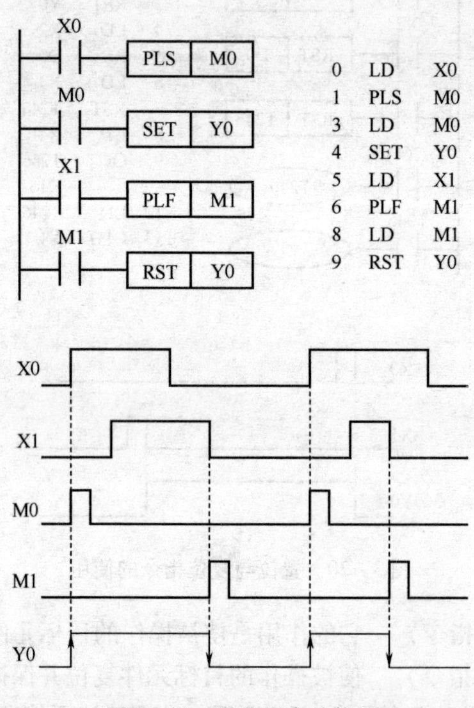

图3-21 微分指令的使用

PLS、PLF指令的使用说明：

①PLS、PLF指令的目标元件为Y和M。

②使用PLS时，仅在驱动输入为ON后的一个扫描周期内目标元件ON，如图3-21所示，M0仅在X0的常开触点由断到通时的一个扫描周期内为ON。使用PLF指令时只是利用输入信号的下降沿驱动，其他与PLS相同。

3.4.7 主控指令（MC/MCR）

（1）MC（主控指令） 用于公共串联触点的连接。执行MC后，左母线移到MC触点的后面。

(2) MCR（主控复位指令）　它是MC指令的复位指令，即利用MCR指令恢复原左母线的位置。

在编程时常会出现这样的情况，多个线圈同时受一个或一组触点控制，如果在每个线圈的控制电路中都串入同样的触点，将占用很多存储单元，使用主控指令就可以解决这一问题。MC、MCR指令的使用如图3-22所示，利用MC N0 M100实现左母线右移，使Y0、Y1都在X0的控制之下，其中N0表示嵌套等级，在无嵌套结构中N0的使用次数无限制；利用MCR N0恢复到原左母线状态。如果X0断开则会跳过MC、MCR之间的指令向下执行。

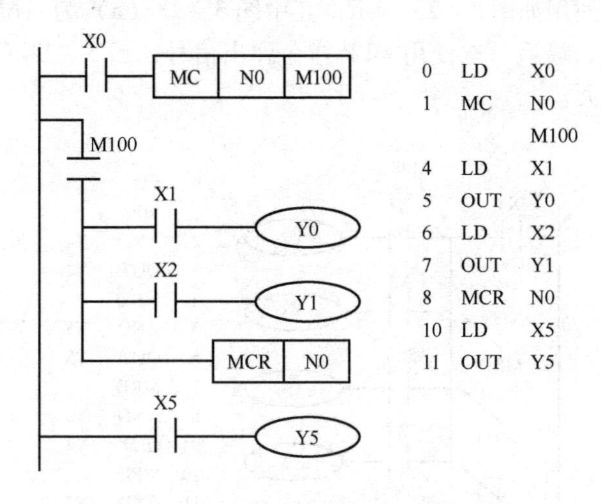

图3-22　主控指令的使用

MC、MCR指令的使用说明：

① MC、MCR指令的目标元件为Y和M，但不能用特殊辅助继电器。MC占2个程序步，MCR占2个程序步。

② 主控触点在梯形图中与一般触点垂直（如图3-22中的M100）。主控触点是与左母线相连的常开触点，是控制一组电路的总开关。与主控触点相连的触点必须用LD或LDI指令。

③ MC指令的输入触点断开时，在MC和MCR之内的积算定时器、计数器、用复位/置位指令驱动的元件保持其之前的状态不变。非积算定时器和计数器，用OUT指令驱动的元件将复位，如图3-22中当X0断开，Y0和Y1即变为OFF。

④ 在一个MC指令区内若再使用MC指令称为嵌套。嵌套级数最多为8级，编号按N0→N1→N2→N3→N4→N5→N6→N7顺序增大，每级的返回用对应的MCR指令，从编号大的嵌套级开始复位。

3.4.8　堆栈指令（MPS/MRD/MPP）

堆栈指令是FX系列中新增的基本指令，用于多重输出电路，为编程带来便利。在 FX 系列 PLC 中有 11 个存储单元，它们专门用来存储程序运算的中间结果，被称为栈存储器。

（1）MPS（进栈指令）　将运算结果送入栈存储器的第一段，同时将先前送入的数据依次移到栈的下一段。

（2）MRD（读栈指令）　将栈存储器的第一段数据（最后进栈的数据）读出且该数据继续保存在栈存储器的第一段，栈内的数据不发生移动。

（3）MPP（出栈指令）　将栈存储器的第一段数据（最后进栈的数据）读出且该数据从栈中消失，同时将栈中其他数据依次上移。

堆栈指令的使用如图 3－23 所示，其中图 3－23（a）为一层栈，进栈后的信息可无限使用，最后一次使用 MPP 指令弹出信号；图 3－23（b）为二层栈，它用了两个栈单元。

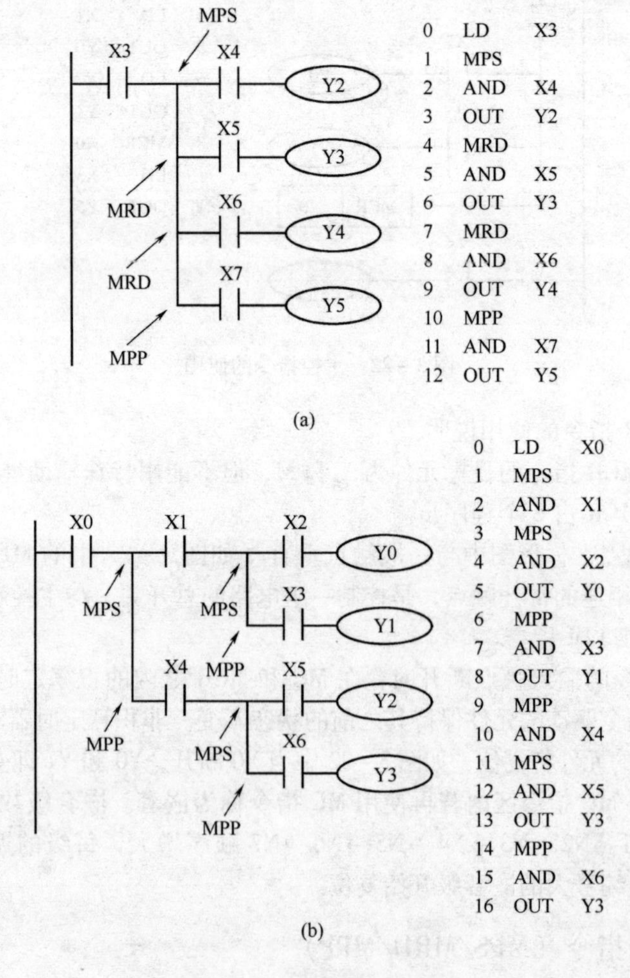

图 3－23　堆栈指令的使用

（a）一层栈　（b）二层栈

堆栈指令的使用说明：

①堆栈指令没有目标元件；

②MPS 和 MPP 必须配对使用；

③ 由于栈存储单元只有 11 个，所以栈的层次最多 11 层。

3.4.9　逻辑反、空操作与结束指令（INV/NOP/END）

（1）INV（反指令）　执行该指令后将原来的运算结果取反。反指令的使用如图 3－24 所示，如果 X0 断开，则 Y0 为 ON，否则 Y0 为 OFF。使用时应注意 INV 不能像指令表的 LD、LDI、LDP、LDF 那样与母线连接，也不能像指令表中的 OR、ORI、ORP、ORF 指令那样单独使用。

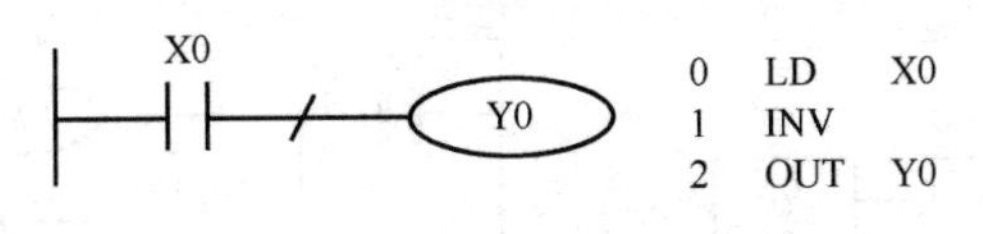

图 3－24　反指令的使用

（2）NOP（空操作指令）　不执行操作，但占一个程序步。执行 NOP 时并不做任何事，有时可用 NOP 指令短接某些触点或用 NOP 指令将不要的指令覆盖。当 PLC 执行了清除用户存储器操作后，用户存储器的内容全部变为空操作指令。

（3）END（结束指令）　表示程序结束。若程序的最后不写 END 指令，则 PLC 不管实际用户程序多长，都从用户程序存储器的第一步执行到最后一步；若有 END 指令，当扫描到 END 时，则结束执行程序，这样可以缩短扫描周期。在程序调试时，可在程序中插入若干 END 指令，将程序划分若干段，在确定前面程序段无误后，依次删除 END 指令，直至调试结束。

3.5　FX_{2N}系列 PLC 的步进指令

3.5.1 步进指令（STL/RET）

步进指令是专为顺序控制而设计的指令。在工业控制领域中，许多的控制过程都可用顺序控制的方式来实现，使用步进指令实现顺序控制既方便实现又便于阅读修改。

FX_{2N}中有两条步进指令：STL（步进触点指令）和 RET（步进返回指令）。

STL 和 RET 指令只有与状态器 S 配合才能具有步进功能。如 STL S200 表示状态常开触点，称为 STL 触点，它在梯形图中的符号为┫┣，它没有常闭触点。我们用每个状态器 S 记录一个工步，如 STL S200 有效（为 ON），则进入 S200 表示的一步（类似于本步的总开关），开始执行本阶段该做的工作，并判断进入下一步的条件是否满足。一旦结束本步信号为ON，则关断S200进入下一步，如S201步。

RET指令是用来复位STL指令的。执行RET后将重回母线，退出步进状态。

3.5.2 状态转移图

一个顺序控制过程可分为若干个阶段，也称为步或状态，每个状态都有不同的动作。当相邻两状态之间的转换条件得到满足时，就将实现转换，即由上一个状态转换到下一个状态执行。我们常用状态转移图（功能表图）描述这种顺序控制过程。如图3－25所示，用状态器S记录每个状态，X为转换条件。如当X1为ON时，则系统由S20状态转为S21状态。

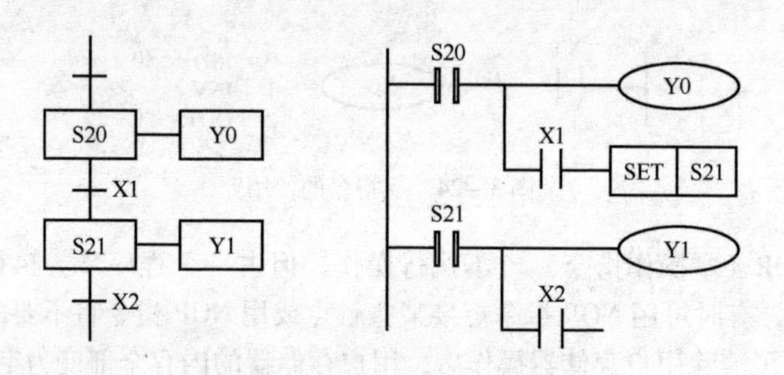

图3－25 状态转移图与梯形图

状态转移图中的每一步包含三个内容：本步驱动的内容，转移条件及指令的转换目标。如图3－25中S20步驱动Y0，当X1有效为ON时，则系统由S20状态转为S21状态，X1即为转换条件，转换的目标为S21步。状态转移图与梯形图的对称关系也显示在图3－25中。

3.5.3 步进指令的使用说明

（1）STL触点是与左侧母线相连的常开触点，某STL触点接通，则对应的状态为活动步；

（2）与STL触点相连的触点应用LD或LDI指令，只有执行完RET后才返回左侧母线；

（3）STL触点可直接驱动或通过别的触点驱动Y、M、S、T等元件的线圈；

（4）由于PLC只执行活动步对应的电路块，所以使用STL指令时允许双线圈输出（顺控程序在不同的步可多次驱动同一线圈）；

（5）STL触点驱动的电路块中不能使用MC和MCR指令，但可以用CJ指令；

（6）在中断程序和子程序内，不能使用STL指令。

3.6　FX_{2N}系列PLC的功能指令

PLC功能指令实际上就是功能各异的PLC子程序块。FX_{2N}系列PLC有丰富的功能指令，包括程序流程、传送比较、四则逻辑运算、旋转移位、数据处理、高速处理、方便指令、外部设备处理、浮点数、时钟运算、接点比较等若干类。本节仅介绍FX_{2N}系列PLC常用的功能指令。

3.6.1　功能指令有关知识

3.6.1.1　位元件与字元件

像X、Y、M、S等只处理ON/OFF信息的软元件称为位元件；而像T、C、D等处理数值的软元件则称为字元件，一个字元件由16位二进制数组成。

位元件可以通过组合使用，通用表示方法是由Kn+组件的起始地址，n表示组数，一组有四个位元件。常用的有KnX、KnY、KnM、KnS。例如K1X0表示1组4位X组成位元件X3~X0。K2X0表示2组8位X组成位元件X7~X0。K3X0表示3组12位X组成位元件经X13~X10，X7~X0。K3M0表示3组12位M组成位元件M11~M0。X、Y是八进制位元件，M、S是十进制位元件。如果将16位数据传送到不足16位的位元件组合（n<4）时，只传送低位数据，多出的高位数据不传送，32位数据传送也一样。在做16位数操作时，参与操作的位元件不足16位时，高位的不足部分均作0处理，这意味着只能处理正数（符号位为0），在做32位数处理时也一样。被组合的元件首位元件可以任意选择，但为避免混乱，建议采用编号以0结尾的元件，如S10、X0、X20等。

3.6.1.2　数据格式

在FX系列PLC内部，数据是以二进制（BIN）补码的形式存储，所有的四则运算都使用二进制数。二进制补码的最高位为符号位，正数的符号位为0，负数的符号位为1。FX系列PLC可实现二进制码与BCD码的相互转换。

为更精确地进行运算，可采用浮点数运算。在FX系列PLC中提供了二进制浮点运算和十进制浮点运算，设有将二进制浮点数与十进制浮点数相互转换的指令。二进制浮点数采用编号连续的一对数据寄存器表示，如D11和D10组成的32位寄存器中，D10的16位加上D11的低7位共23位为浮点数的尾数，而D11中除最高位的前8位是阶位，最高位是尾数的符号位（0为正，1是负）。十进制的浮点数也用一对数据寄存器表示，编号小数据寄存器为尾数段，编号大的为指数段，例如使用数据寄存器（D1，D0）时，表示数为

10进制浮点数=〔尾数D0〕×10〔指数D1〕

其中：D0，D1 的最高位是正负符号位。

3.6.1.3　数据长度

功能指令可处理 16 位数据或 32 位数据。处理 32 位数据的指令是在助记符前加“D”标志，无此标志即为处理 16 位数据的指令。注意 32 位计数器（C200 ~ C255）的一个软元件为 32 位，不可作为处理 16 位数据指令的操作数使用。如图 3－27 所示，若 MOV 指令前面带“D”，则当 X1 接通时，执行 D11D10→D13D12（32 位）。在使用 32 位数据时建议使用首编号为偶数的操作数，不容易出错。

3.6.1.4　表示格式

功能指令表示格式与基本指令不同。功能指令用编号 FNC00 ~ FNC294 表示，并给出对应的助记符（大多用英文名称或缩写表示）。例如 FNC45 的助记符是 MEAN（平均），若使用简易编程器时键入 FNC45，若采用智能编程器或在计算机上编程时也可键入助记符 MEAN。

有的功能指令没有操作数，而大多数功能指令有 1 ~ 4 个操作数。如图 3－26 所示为一个计算平均值指令，它有三个操作数，[S] 表示源操作数，[D] 表示目标操作数，如果使用变址功能，则可表示为 [S.] 和 [D.]。当源或目标不止一个时，用 [S1.]、[S2.]、[D1.]、[D2.] 表示。用 n 和 m 表示其他操作数，它们常用来表示常数 K 和 H，或作为源和目标操作数的补充说明，当这样的操作数多时可用 n1、n2 和 m1、m2 等来表示。

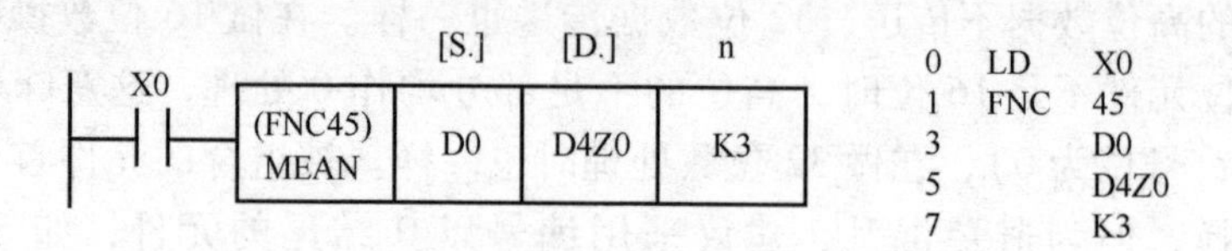

图 3－26　功能指令表示格式

图中源操作数为 D0、D1、D2，目标操作数为 D4Z0（Z0 为变址寄存器），K3 表示有 3 个数，当 X0 接通时，执行的操作为 [（D0）+（D1）+（D2）] ÷3→（D4Z0），如果 Z0 的内容为 20，则运算结果送入 D24 中。

功能指令的指令段通常占一个程序步，16 位操作数占两步，32 位操作数占四步。

3.6.1.5　执行方式

功能指令有连续执行和脉冲执行两种类型。如图 3－27 所示，指令助记符 MOV 后面有“P”表示脉冲执行，即该指令仅在 X1 接通（由 OFF 到 ON）时执行（将 D10 中的数据送到 D12 中）一次；如果没有“P”则表示连续执行，即该在 X1 接通（ON）的每一个扫描周期指令都要被执行。

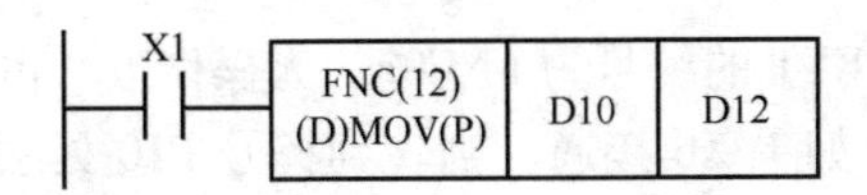

图3－27　功能指令的执行方式与数据长度的表示

3.6.2　程序流程指令

3.6.2.1　条件跳转指令CJ

条件跳转指令CJ（P）的编号为FNC00，操作数为指针标号P0～P127，其中P63为END所在程序，不需标记。指针标号允许用变址寄存器修改。CJ和CJP都占3个程序步，指针标号占1步。

如图3－28所示，当X20接通时，则由CJ P9指令跳到标号为P9的指令处开始执行，跳过了程序的一部分，减少了扫描周期。如果X20断开，跳转不会执行，则程序按原顺序执行。

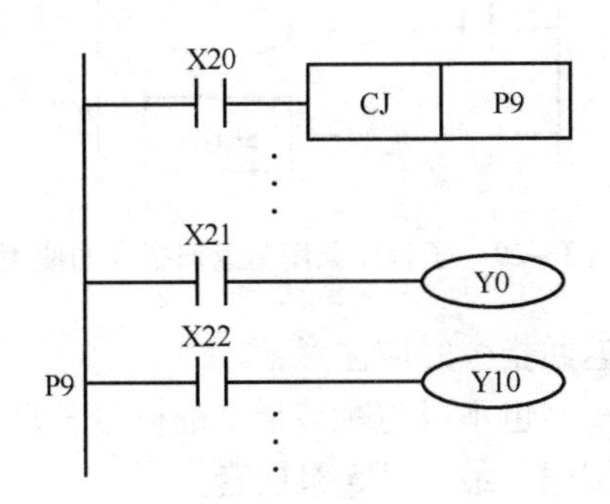

图3－28　跳转指令的使用

使用跳转指令时应注意：

①CJP指令表示为脉冲执行方式。

②在一个程序中一个标号只能出现一次，否则将出错。

③在跳转执行期间，即使被跳过程序的驱动条件改变，但其线圈（或结果）仍保持跳转前的状态，因为跳转期间根本没有执行这段程序。

④如果在跳转开始时定时器和计数器已在工作，则在跳转执行期间它们将停止工作，到跳转条件不满足后又继续工作。但对于正在工作的定时器T192～T199和高速计数器C235～C255，不管有无跳转仍连续工作。

⑤若积算定时器和计数器的复位（RST）指令在跳转区外，即使它们的线圈被跳转，但对它们的复位仍然有效。

3.6.2.2　子程序调用CALL与子程序返回指令SRET

子程序调用指令CALL的编号为FNC01。操作数为P0～P127，此指令占用3

个程序步。

子程序返回指令 SRET 的编号为 FNC02。无操作数，占用 1 个程序步。

如图 3－29 所示，如果 X0 接通，则转到标号 P10 处去执行子程序。当执行 SRET 指令时，返回到 CALL 指令的下一步执行。

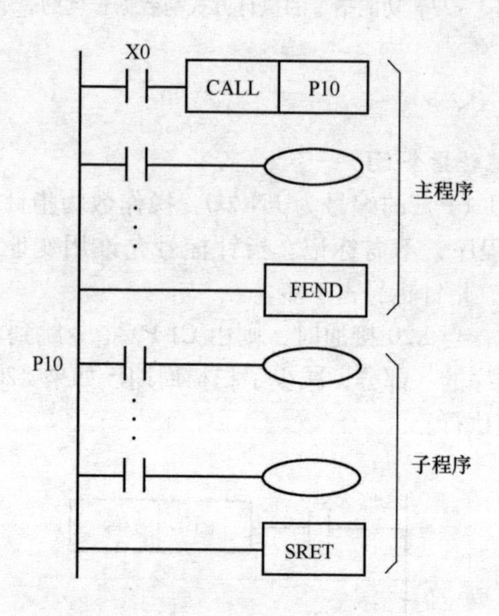

图 3－29　子程序调用与返回指令的使用

使用子程序调用与返回指令时应注意：

①转移标号不能重复，也不可与跳转指令的标号重复；

②子程序可以嵌套调用，最多可 5 级嵌套。

3.6.2.3 与中断有关的指令 IRET、EI、DI

与中断有关的三条功能指令是：中断返回指令 IRET，编号为 FNC03；中断允许指令 EI，编号为 FNC04；中断禁止指令 DI，编号为 FNC05。它们均无操作数，占用 1 个程序步。

PLC 通常处于禁止中断状态，由 EI 和 DI 指令组成允许中断范围。在执行到该区间，如有中断源产生中断，CPU 将暂停主程序执行转而执行中断服务程序。当遇到 IRET 时返回断点继续执行主程序。如图 3－30 所示，允许中断范围中若中断源 X0 有一个下降沿，则转入 I000 为标号的中断服务程序，但 X0 可否引起中断还受 M8050 控制，当 X20 有效时则 M8050 控制 X0 无法中断。

使用中断相关指令时应注意：

①中断的优先级排队如下：如果多个中断依次发生，则以发生先后为序，即发生越早级别越高；如果多个中断源同时发出信号，则中断指针号越小优先级越高。

②当 M8050～M8058 为 ON 时，禁止执行相应 I0□□～I8□□的中断，

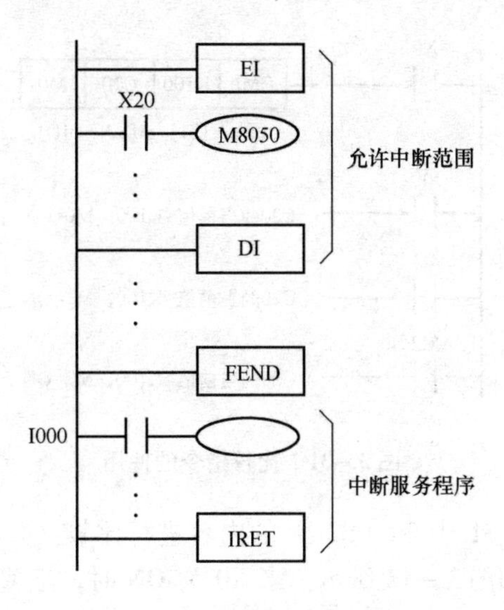

图3-30　中断指令的使用

M8059为ON时则禁止所有计数器中断。

③无需中断禁止时，可只用EI指令，不必用DI指令。

④执行一个中断服务程序时，如果在中断服务程序中有EI和DI，可实现二级中断嵌套，否则禁止其他中断。

3.6.2.4　主程序结束指令FEND

主程序结束指令FEND的编号为FNC06。无操作数，占用1个程序步。FEND表示主程序结束，当执行到FEND时，PLC进行输入/输出处理，监视定时器刷新，完成后返回起始步。

使用FEND指令时应注意：

①子程序和中断服务程序应放在FEND之后；

②子程序和中断服务程序必须写在FEND和END之间，否则出错。

3.6.3　传送和比较指令

3.6.3.1　比较指令CMP和区间比较ZCP

比较指令包括CMP（比较）和ZCP（区间比较）两条。

（1）比较指令CMP（D）、CMP（P）指令的编号为FNC10，是将源操作数[S1.]和源操作数[S2.]的数据进行比较，比较结果用目标元件[D.]的状态来表示。如图3-31所示，当X1为接通时，把常数100与C20的当前值进行比较，比较的结果送入M0~M2中。X1为OFF时不执行，M0~M2的状态也保持不变。

（2）区间比较指令ZCP（D）、ZCP（P）指令的编号为FNC11，指令执行时

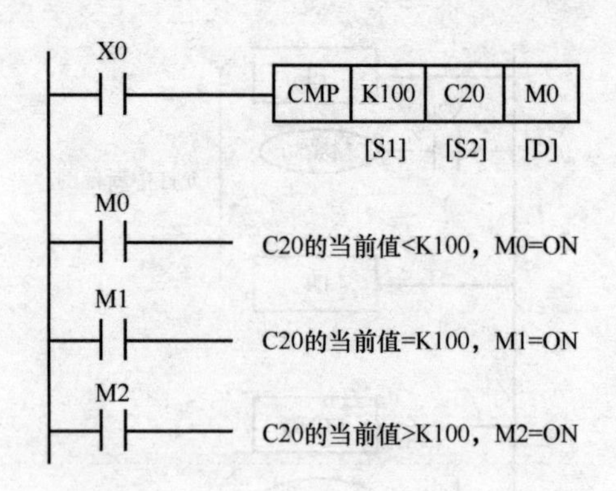

图 3－31　比较指令的使用

源操作数［S.］与［S1.］和［S2.］的内容进行比较，并将比较结果送到目标操作数［D.］中。如图 3－32 所示，当 X0 为 ON 时，把 C30 当前值与 K100 和 K120 相比较，将结果送 M3、M4、M5 中。X0 为 OFF，则 ZCP 不执行，M3、M4、M5 不变。

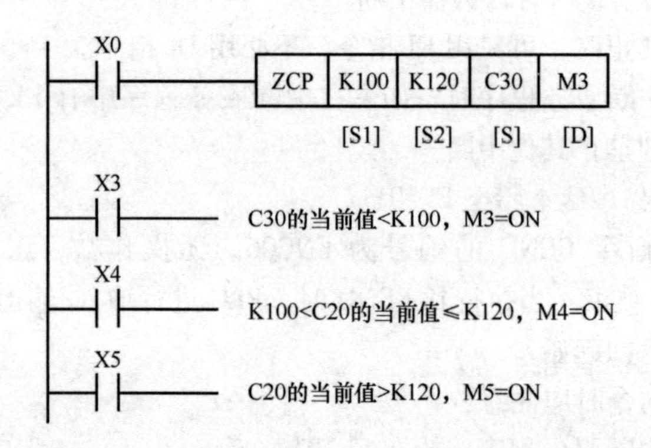

图 3－32　区间比较指令的使用

使用比较指令 CMP/ZCP 时应注意：

①［S1.］、［S2.］可取任意数据格式，目标操作数［D.］可取 Y、M 和 S；

②使用 ZCP 时，［S2.］的数值不能小于［S1.］；

③所有的源数据都被看成二进制数处理。

3.6.3.2　传送类指令 MOV SMOV CML BMOV FMOV

（1）传送指令 MOV（D）、MOV（P）指令的编号为 FNC12，该指令的功能是将源数据传送到指定的目标。如图 3－33 所示，当 X0 为 ON 时，则将［S.］中的数据 K100 传送到目标操作元件［D.］即 D10 中。在指令执行时，常数 K100 会自动转换成二进制数。当 X0 为 OFF 时，则指令不执行，数据保持不变。

使用 MOV 指令时应注意：

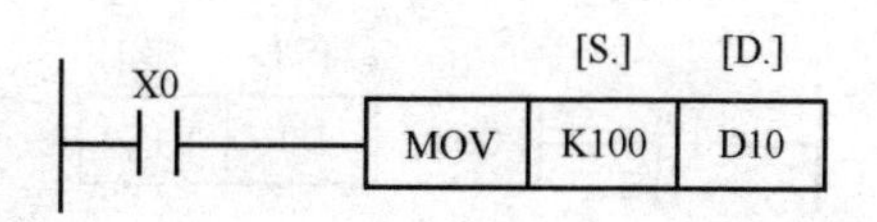

图3－33　传送指令的使用

① 源操作数可取所有数据类型，目标操作数可以是 KnY、KnM、KnS、T、C、D、V、Z；

② 16位运算时占5个程序步，32位运算时则占9个程序步。

（2）移位传送指令 SMOV（D）、SMOV（P）指令的编号为 FNC13，该指令的功能是将源数据（二进制）自动转换成4位 BCD 码，再进行移位传送，传送后的目标操作数元件的 BCD 码自动转换成二进制数。如图3－34所示，当 X0 为 ON 时，将 D1 中右起第4位（m1＝4）开始的2位（m2＝2）BCD 码移到目标操作数 D2 的右起第3位（n＝3）和第2位，然后 D2 中的 BCD 码会自动转换为二进制数，而 D2 中的第1位和第4位 BCD 码不变。

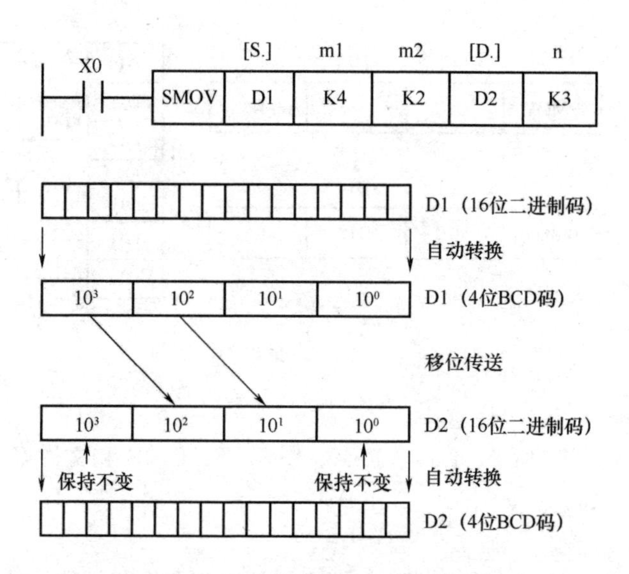

图3－34　移位传送指令的使用

使用移位传送指令时应注意：

①源操作数可取所有数据类型，目标操作数可为 KnY、KnM、KnS、T、C、D、V、Z。

②SMOV 指令只有16位运算，占11个程序步。

（3）取反传送指令 CML（D）、CML（P）指令的编号为 FNC14，它是将源操作数元件的数据逐位取反并传送到指定目标。如图3－35所示，当 X0 为 ON 时，执行 CML，将 D0 的低4位取反后传送到 Y3～Y0 中。

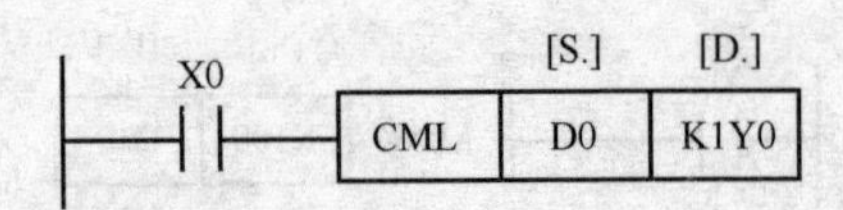

图3－35　取反送指令的使用

使用取反传送指令时应注意：

① 源操作数可取所有数据类型，目标操作数可为KnY、KnM、KnS、T、C、D、V、Z。若源数据为常数K，则该数据会自动转换为二进制数。

② 16位运算占5个程序步，32位运算占9个程序步。

（4）块传送指令BMOV（D）、BMOV（P）指令的ALCE编号为FNC15，是将源操作数指定元件开始的n个数据组成数据块传送到指定的目标。如图3－36所示，传送顺序既可从高元件号开始，也可从低元件号开始，传送顺序自动决定。若用到需要指定位数的位元件，则源操作数和目标操作数的指定位数应相同。

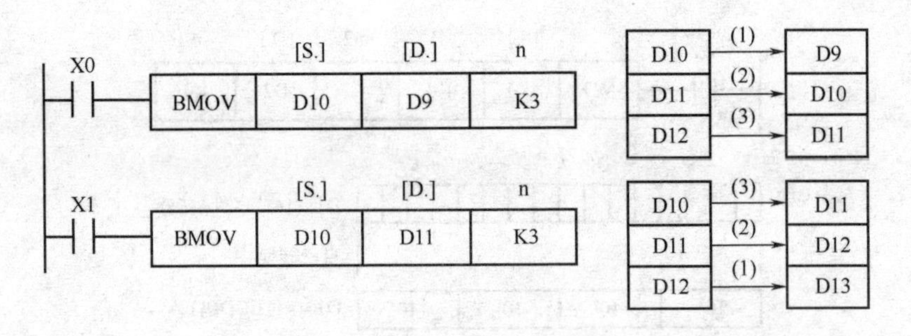

图3－36　块传送指令的使用

使用块传送指令时应注意：

① 源操作数可取KnX、KnY、KnM、KnS、T、C、D和文件寄存器，目标操作数可取KnT、KnM、KnS、T、C和D；

② 只有16位操作，占7个程序步；

③ 如果元件号超出允许范围，数据则仅传送到允许范围的元件。

（5）多点传送指令FMOV（D）、FMOV（P）指令的编号为FNC16，它的功能是将源操作数中的数据传送到指定目标开始的n个元件中，传送后n个元件中的数据完全相同。如图3－37所示，当X0为ON时，把K0传送到D0～D9中。

使用多点传送指令时应注意：

①源操作数可取所有的数据类型，目标操作数可取KnX、KnM、KnS、T、C、和D，n≤512；

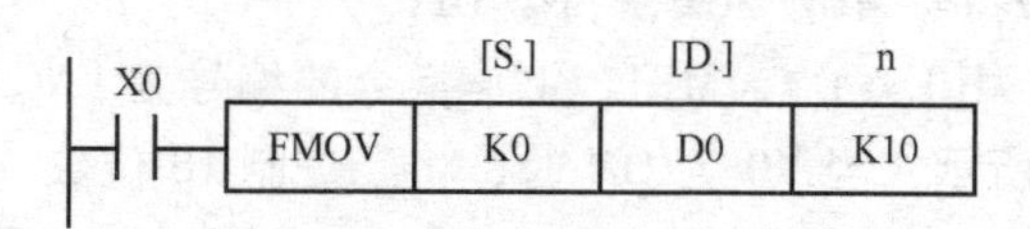

图3－37　多点传送指令的使用

②16位操作占7个程序步，32位操作则占13个程序步；

③如果元件号超出允许范围，数据仅送到允许范围的元件中。

3.6.4　算术和逻辑运算指令

3.6.4.1　加法指令ADD和减法指令SUB

（1）加法指令ADD（D）、ADD（P）指令的编号为FNC20。它是将指定的源元件中的二进制数相加，结果送到指定的目标元件中去。如图3－38所示，当X0为ON时，执行（D10）＋（D12）→（D14）。

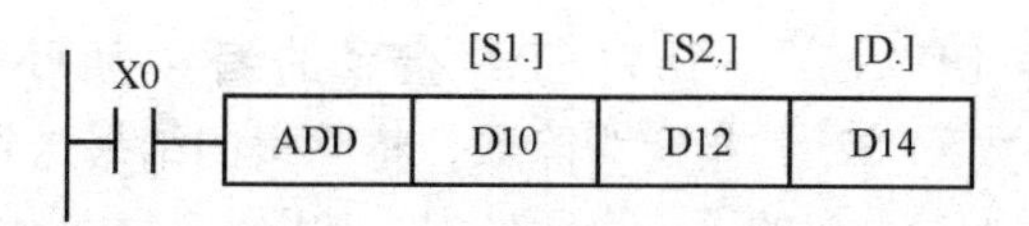

图3－38　加法指令的使用

（2）减法指令SUB（D）、SUB（P）指令的编号为FNC21，它是将［S1.］指定元件中的内容以二进制形式减去［S2.］指定元件的内容，其结果存入由［D.］指定的元件中。如图3－39所示为减法指令的使用。

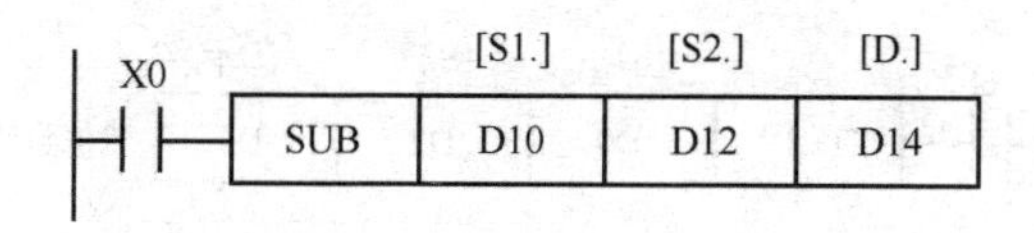

图3－39　减法指令的使用

使用加法和减法指令时应注意：

①操作数可取所有数据类型，目标操作数可取KnY、KnM、KnS、T、C、D、V和Z。

②16位运算占7个程序步，32位运算占13个程序步。

③数据为有符号二进制数，最高位为符号位（0为正，1为负）。

④加法指令有三个标志：零标志（M8020）、借位标志（M8021）和进位标志（M8022）。当运算结果超过32767（16位运算）或2147483647（32位运算）则进位标志置1；当运算结果小于－32767（16位运算）或－2147483647（32位运算），借位标志就会置1。

3.6.4.2 乘法指令 MUL 和除法指令 DIV

（1）乘法指令 MUL（D）、MUL（P）指令的编号为 FNC22，数据均为有符号数。如图 3－40 所示，当 X0 为 ON 时，将二进制 16 位数［S1.］、［S2.］相乘，结果送［D.］中。D 为 32 位，即（D0）×（D2）→（D5，D4）（16 位乘法）；当 X1 为 ON 时，（D1，D0）×（D3，D2）→（D7，D6，D5，D4）（32 位乘法）。

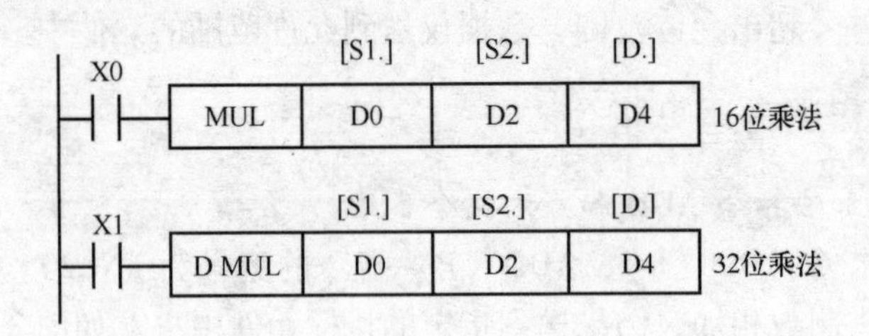

图 3－40　乘法指令的使用

（2）除法指令 DIV（D）、DIV（P）指令的编号为 FNC23，其功能是将［S1.］指定为被除数，［S2.］指定为除数，将除得的结果送到［D.］指定的目标元件中，余数送到［D.］的下一个元件中。如图 3－41 所示，当 X0 为 ON 时，（D0）÷（D2）→（D4）商，（D5）余数（16 位除法）；当 X1 为 ON 时（D1，D0）÷（D3，D2）→（D5，D4）商，（D7，D6）余数（32 位除法）。

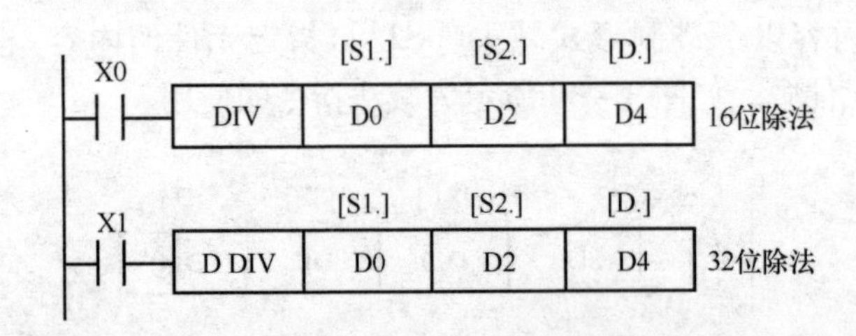

图 3－41　除法指令的使用

使用乘法和除法指令时应注意：

①源操作数可取所有数据类型，目标操作数可取 KnY、KnM、KnS、T、C、D、V 和 Z。要注意 Z 只有 16 位乘法时能用，32 位不可用。

②16 位运算占 7 个程序步，32 位运算占 13 个程序步。

③32 位乘法运算中，如用位元件作目标，则只能得到乘积的低 32 位，高 32 位将丢失，这种情况下应先将数据移入字元件再运算；除法运算中将位元件指定为［D.］，则无法得到余数，除数为 0 时发生运算错误。

④积、商和余数的最高位为符号位。

3.6.4.3　加1指令INC与减1指令DEC

加1指令INC（D）、INC（P）的编号为FNC24；减1指令DEC（D）、DEC（P）的编号为FNC25。INC和DEC指令分别是当条件满足则将指定元件的内容加1或减1。如图3-42所示，当X0为ON时，（D10） +1→（D10）；当X1为ON时，（D11） +1→（D11）。若指令是连续指令，则每个扫描周期均作一次加1或减1运算。

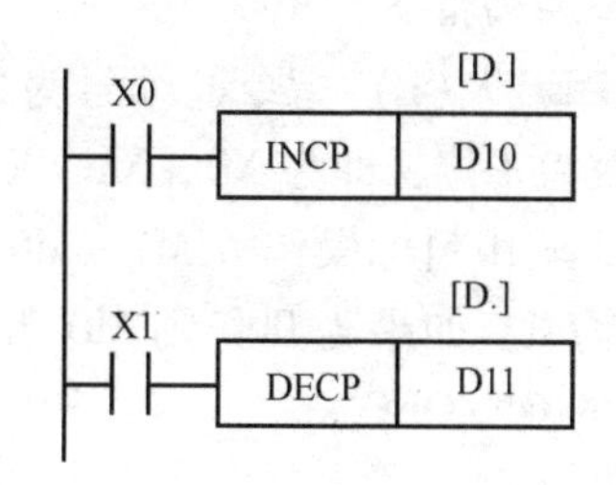

图3-42　加1和减1指令的使用

使用加1和减1指令时应注意：

①指令的操作数可为KnY、KnM、KnS、T、C、D、V、Z。

②当进行16位操作时为3个程序步，32位操作时为5个程序步。

③在INC运算时，如数据为16位，则由+32767再加1变为-32768，但标志不置位；同样，32位运算由+2147483647再加1就变为-2147483648时，标志也不置位。

④在DEC运算时，16位运算-32768减1变为+32767，且标志不置位；32位运算由-2147483648减1变为=2147483647，标志也不置位。

3.6.5　数据处理指令

3.6.5.1　区间复位指令ZRST

区间复位指令ZRST（P）的编号为FNC40。它是将指定范围内的同类元件成批复位。如图3-43所示，当M8002由OFF→ON时，位元件M500~M599成批复位，字元件C235~C255也成批复位。

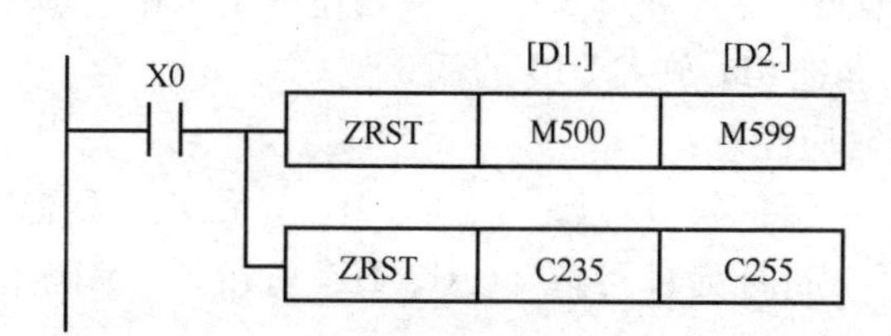

图3-43　区间复位指令的使用

使用区间复位指令时应注意：

①［D1.］和［D2.］可取Y、M、S、T、C、D，且应为同类元件，同时［D1］的元件号应小于［D2］指定的元件号，若［D1］的元件号大于［D2］元件号，则只有［D1］指定元件被复位。

②ZRST指令只有16位处理，占5个程序步，但［D1.］［D2.］也可以指定32位计数器。

3.6.5.2 译码DECO和编码指令ENCO

（1）译码指令DECO、DECO（P）指令的编号为FNC41。如图3-44所示，n=3则表示［S.］源操作数为3位，即为X0、X1、X2。其状态为二进制数，当值为011时相当于十进制3，则由目标操作数M7~M0组成的8位二进制数的第三位M3被置1，其余各位为0。如果为000则M0被置1。用译码指令可通过［D.］中的数值来控制元件的ON/OFF。

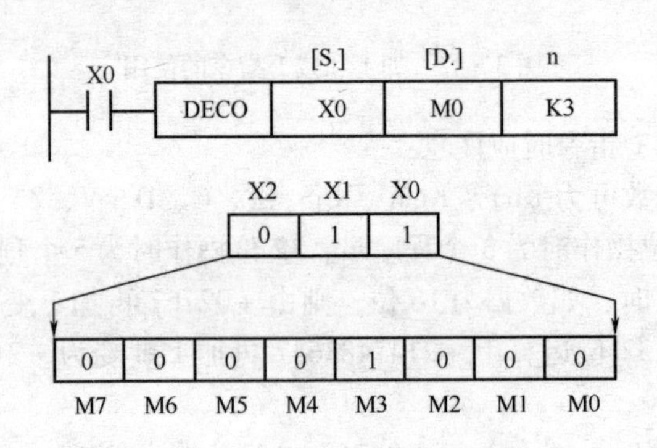

图3-44　译码指令的使用

使用译码指令时应注意：

①位源操作数可取X、T、M和S，位目标操作数可取Y、M和S，字源操作数可取K，H，T，C，D，V和Z，字目标操作数可取T，C和D。

②若［D.］指定的目标元件是字元件T、C、D，则n≤4；若是位元件Y、M、S，则n=1~8。译码指令为16位指令，占7个程序步。

（2）编码指令ENCO、ENCO（P）指令的编号为FNC42。如图3-45所示，当X1有效时执行编码指令，将［S.］中最高位的1（M3）所在位数（4）放入目标元件D10中，即把011放入D10的低3位。

使用编码指令时应注意：

①源操作数是字元件时，可以是T、C、D、V和Z；源操作数是位元件，可以是X、Y、M和S。目标元件可取T、C、D、V和Z。编码指令为16位指令，占7个程序步。

②操作数为字元件时应使用n≤4，为位元件时则n=1~8，n=0时不作处理。

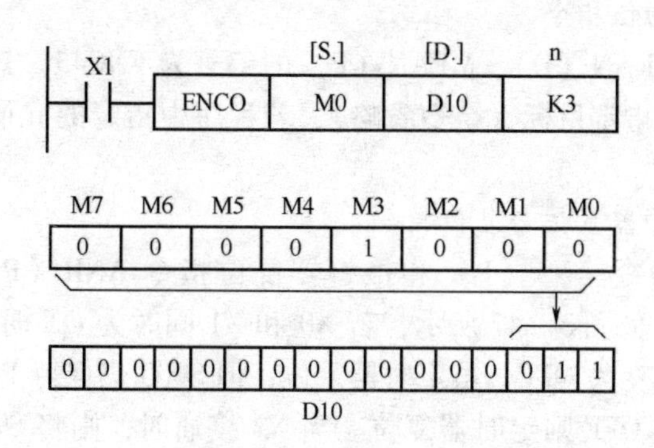

图3－45 编码指令的使用

③若指定源操作数中有多个1，则只有最高位的1有效。

3.6.5.3 ON位数统计SUM和ON位判别指令BON

（1）ON位数统计指令SUM（D）、SUM（P）指令的编号为FNC43。该指令是用来统计指定元件中1的个数。如图3－46所示，当X0有效时执行SUM指令，将源操作数D0中1的个数送入目标操作数［D2中，若D0中没有1，则零标志M8020将置1］。

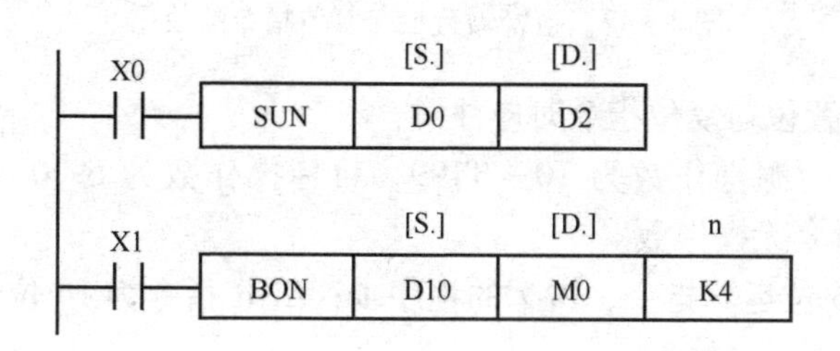

图3－46 ON位数统计和ON位判别指令的使用

使用SUM指令时应注意：

①源操作数可取所有数据类型，目标操作数可取KnY，KnM，KnS，T，C，D，V和Z。

②16位运算时占5个程序步，32位运算则占9个程序步。

（2）ON位判别指令BON （D）BON（P）指令的编号为FNC44。它的功能是检测指定元件中的指定位是否为1。如图3－50所示，当X1为有效时，执行BON指令，由K4决定检测的是源操作数D10的第4位，当检测结果为1时，则目标操作数M0＝1，否则M0＝0。

使用BON指令时应注意：

①源操作数可取所有数据类型，目标操作数可取Y、M和S。

②进行16位运算，占7程序步，n＝0～15；32位运算时则占13个程序步，n＝0～31。

3.6.5.4 平均值指令

平均值指令 MEAN（D）、MEAN（P）的编号为 FNC45。其作用是将 n 个源数据的平均值送到指定目标（余数省略），若程序中指定的 n 值超出 1～64 的范围将会出错。

3.6.5.5 报警器置位与复位指令

报警器置位指令 ANS（P）和报警器复位指令 ANR（P）的编号分别为 FNC46 和 FNC47。如图 3－47 所示，若 X0 和 X1 同时为 ON 时超过 1S，则 S900 置 1；当 X0 或 X1 变为 OFF，虽定时器复位，但 S900 仍保持 1 不变；若在 1S 内 X0 或 X1 再次变为 OFF 则定时器复位。当 X2 接通时，则将 S900～S999 之间被置 1 的报警器复位。若有多于 1 个的报警器被置 1，则元件号最低的那个报警器被复位。

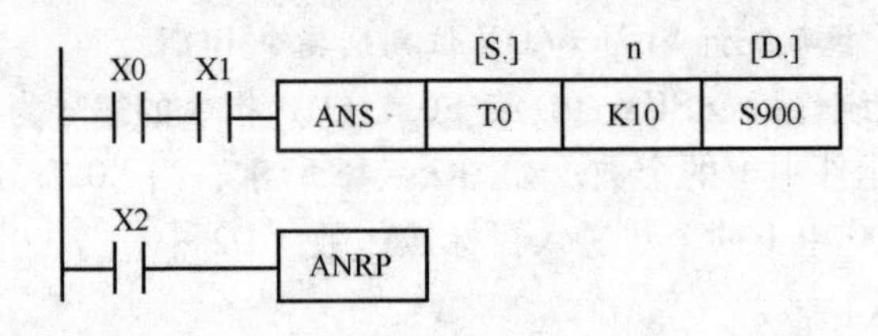

图 3－47 报警器置位与复位指令的使用

使用报警器置位与复位指令时应注意：

①ANS 指令的源操作数为 T0～T199，目标操作数为 S900～S999，n＝1～32767'；ANR 指令无操作数。

②ANS 为 16 位运算指令，占 7 的程序步；ANR 指令为 16 位运算指令，占 1 个程序步。

③ANR 指令如果用连续执行，则会按扫描周期依次逐个将报警器复位。

3.6.5.6 二进制平方根指令

二进制平方根指令 SQR（D）、SQR（P）的编号为 FNC48。如图 3－48 所示，当 X0 有效时，则将存放在 D45 中的数开平方，结果存放在 D123 中（结果只取整数）。

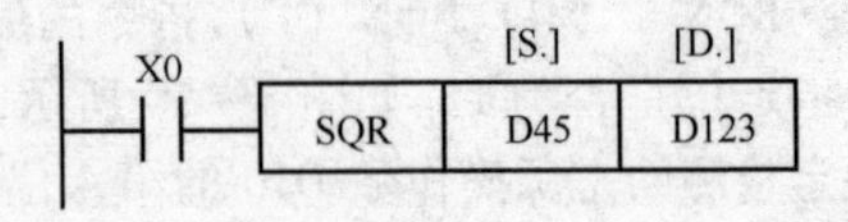

图 3－48 二进制平方根指令的使用

使用 SQR 指令时应注意：

①源操作数可取 K、H、D，数据需大于 0，目标操作数为 D。

②16位运算占5个程序步，32位运算占9个程序步。

3.6.5.7　二进制整数→二进制浮点数转换指令

二进制整数→二进制浮点数转换指令FLT（D）、FLT（P）的编号为FNC49。如图3－49所示，当X1有效时，将存入D10中的数据转换成浮点数并存入D12中。

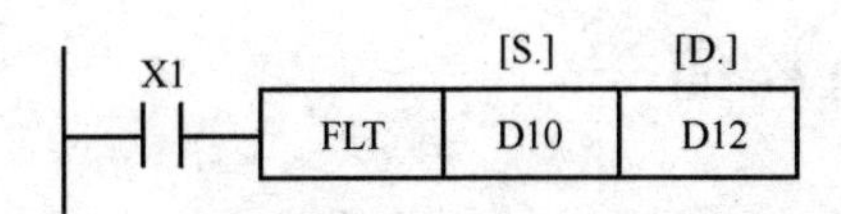

图3－49　二进制整数→二进制浮点数转换指令的使用

使用FLT指令时应注意：

①源和目标操作数均为D。

②16位操作占5个程序步，32位占9个程序步。

第4章 可编程控制器的编程软件

4.1 GX－Developer简介

4.1.1 软件概述

GX－Developer是三菱通用性较强的编程软件，它能够完成Q系列、QnA系列、A系列（包括运动控制CPU）、FX系列PLC梯形图、指令表、SFC等的编辑。该编程软件能够将编辑的程序转换成GPPQ、GPPA格式的文档，当选择FX系列时，还能将程序存储为FXGP（DOS）、FXGP（WIN）格式的文档，以实现与FX－GP/WIN－C软件的文件互换。该编程软件能够将Excel、Word等软件编辑的说明性文字、数据，通过复制、粘贴等简单操作导入程序中，使软件的使用、程序的编辑更加便捷。

此外，GX Developer编程软件还具有以下特点：

（1）操作简便

①标号编程。用标号编程制作程序的话，就不需要认识软元件的号码而能够根据标示制作成标准程序。用标号编程做成的程序能够依据汇编从而作为实际的程序来使用。

②功能块。功能块是以提高顺序程序的开发效率为目的而开发的一种功能。把开发顺序程序时反复使用的顺序程序回路块零件化，使得顺序程序的开发变得容易，此外，零件化后，能够防止将其运用到别的顺序程序使得顺序输入错误。

③宏。只要在任意的回路模式上加上名字（宏定义名）登录（宏登录）到文档，然后输入简单的命令，就能够读出登录过的回路模式，变更软元件就能够灵活利用了。

（2）能够用各种方法和可编程控制器CPU连接

①经由串行通信口与可编程控制器CPU连接；

②经由USB接口与可编程控制器CPU连接；

③经由MELSEC NET/10（H）与可编程控制器CPU连接；

④经由MELSEC NET（II）与可编程控制器CPU连接；

⑤经由CC－Link与可编程控制器CPU连接；

⑥由Ethernet与可编程控制器CPU连接；

⑦由计算机接口与可编程控制器CPU连接。

（3）丰富的调试功能

①由于运用了梯形图逻辑测试功能，能够更加简单的进行调试作业。通过该软件可进行模拟在线调试，不需要与可编程控制器连接。

②在帮助菜单中有CPU出错信息、特殊继电器/特殊寄存器的说明等内容，所以对于在线调试过程中发生错误，或者是程序编辑中想知道特殊继电器/特殊寄存器的内容时，通过帮助菜单可非常简便的查询到相关信息。

③程序编辑过程中发生错误时，软件会提示错误信息或错误原因，所以能大幅度缩短程序编辑的时间。

4.1.2　GX－Developer的安装

（1）先装通用环境

进入GX－Developer Ver8/EnvMEL文件夹，点击“SETUP. EXE”安装（见图4－1）。

三菱大部分软件都要先安装“环境”，否则不能继续安装，这一步还好办，如果不能安装，系统会主动提示你需要安装环境。

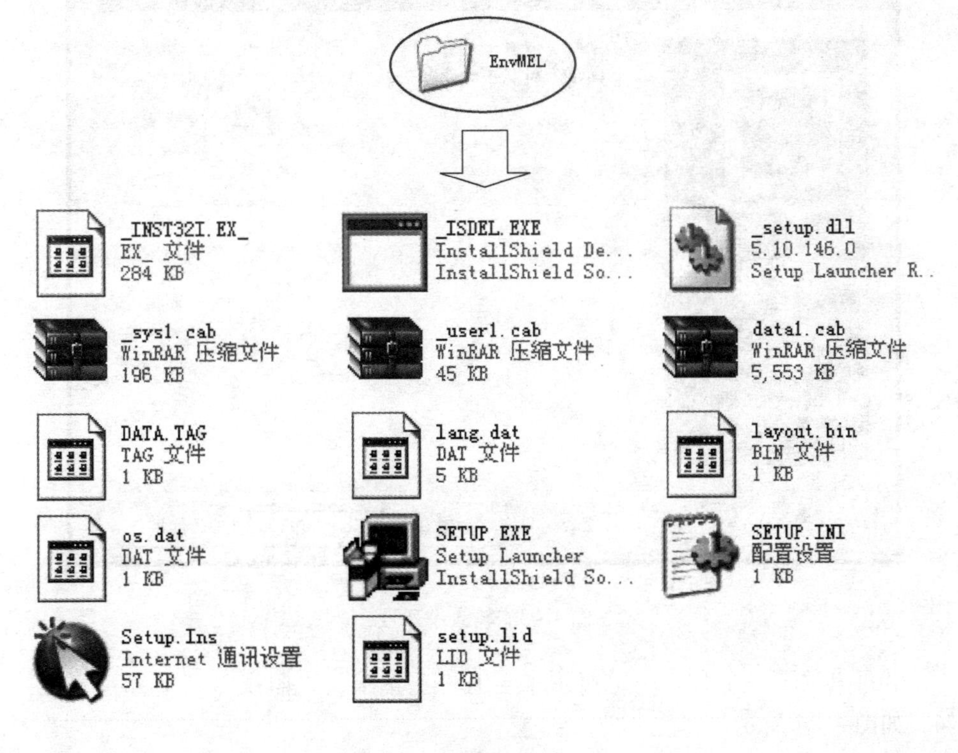

图4－1　安装EnvMEL环境

（2）进入GX－Developer Ver8文件夹，点击“SETUP. EXE”安装

①这时软件有提示了，要将其他的所有程序都关掉，否则可能会安装失败，如图4－2所示。

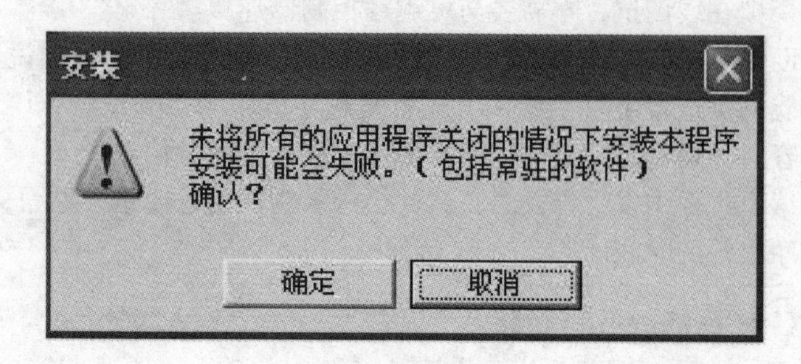

图4－2 安装提示

②点“确定”，再点“下一个”、“下一个”、“是”，然后输入序列号：570－986818410，如图4－3所示。

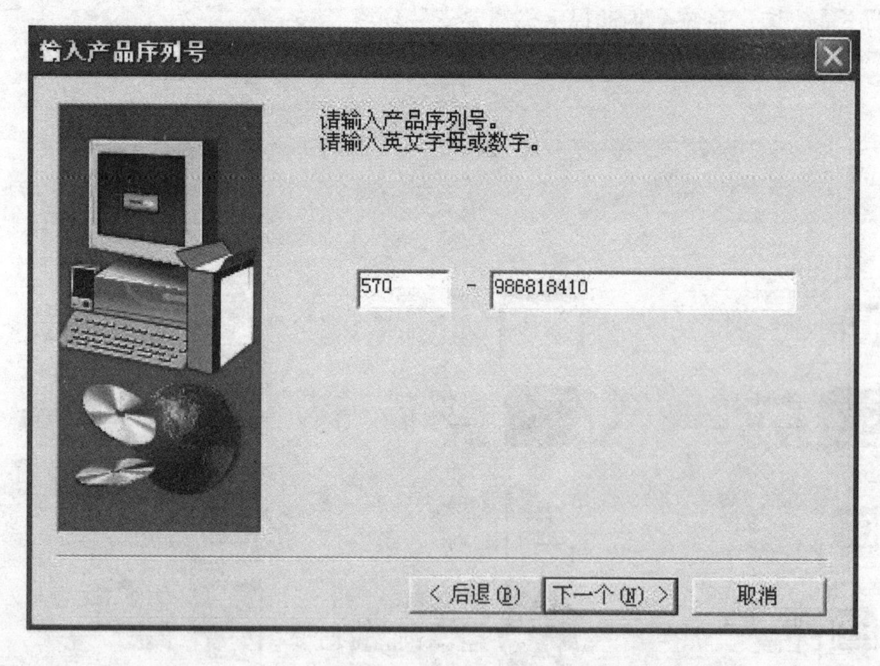

图4－3 输入序列号

③再点“下一个”……，接下来会有一些选项，“监视专用”那里不能打勾，如图4－4所示。

④再点“下一个”……，等待安装过程，如图4－5所示。

⑤等待如图4－6窗口出现。

⑥在【开始】→【程序】里可以找到安装好的文件，如图4－7所示。

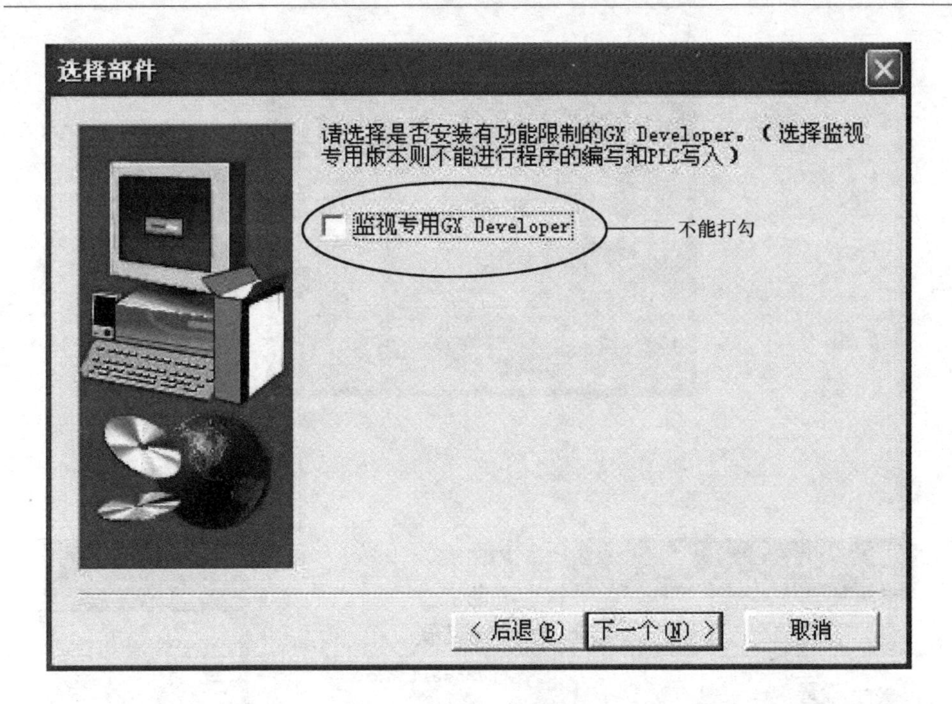

图4-4　复选框不能选

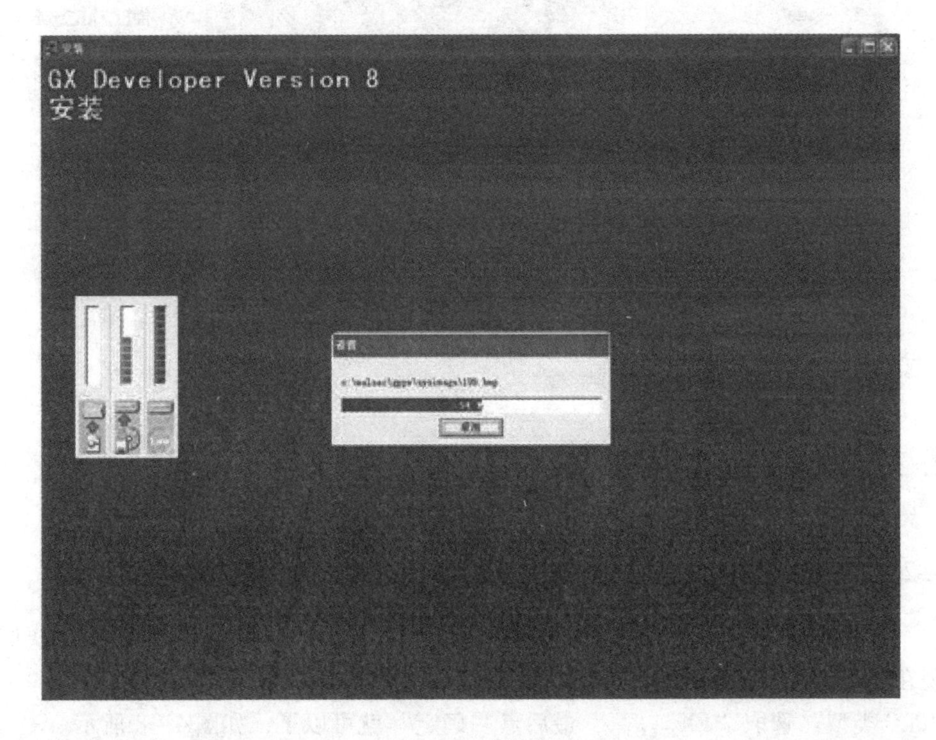

图4-5　安装中

图4－6　安装完毕

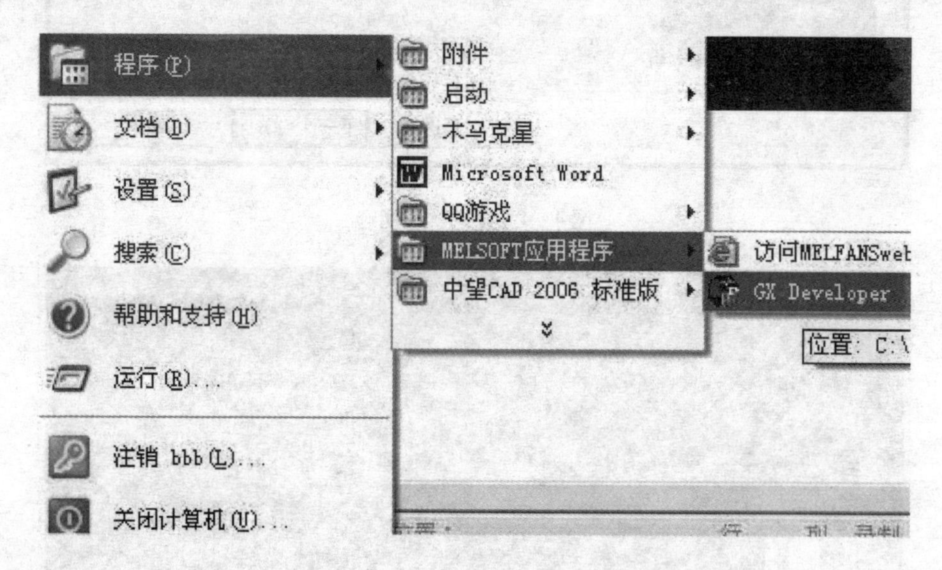

图4－7　打开已安装好的程序

4.2　GX－Developer 的基本操作

4.2.1　【新建】、【打开】与【保存】工程

（1）建立一个工程　启动编程软件 GX－Developer，创建一个新工程。我们现在所用的是三菱 FX_{2N}－48MR，所以在“PLC 系列”选取“FXCPU”，在“PLC 类型”选取“$FX_{2N(C)}$”，最后点“确定”就可以了，如图4－8所示。

（2）打开工程，点【工程】→【打开】就可以了。

（3）保存工程，点【工程】→【保存】，选择要保存文件的文件夹。

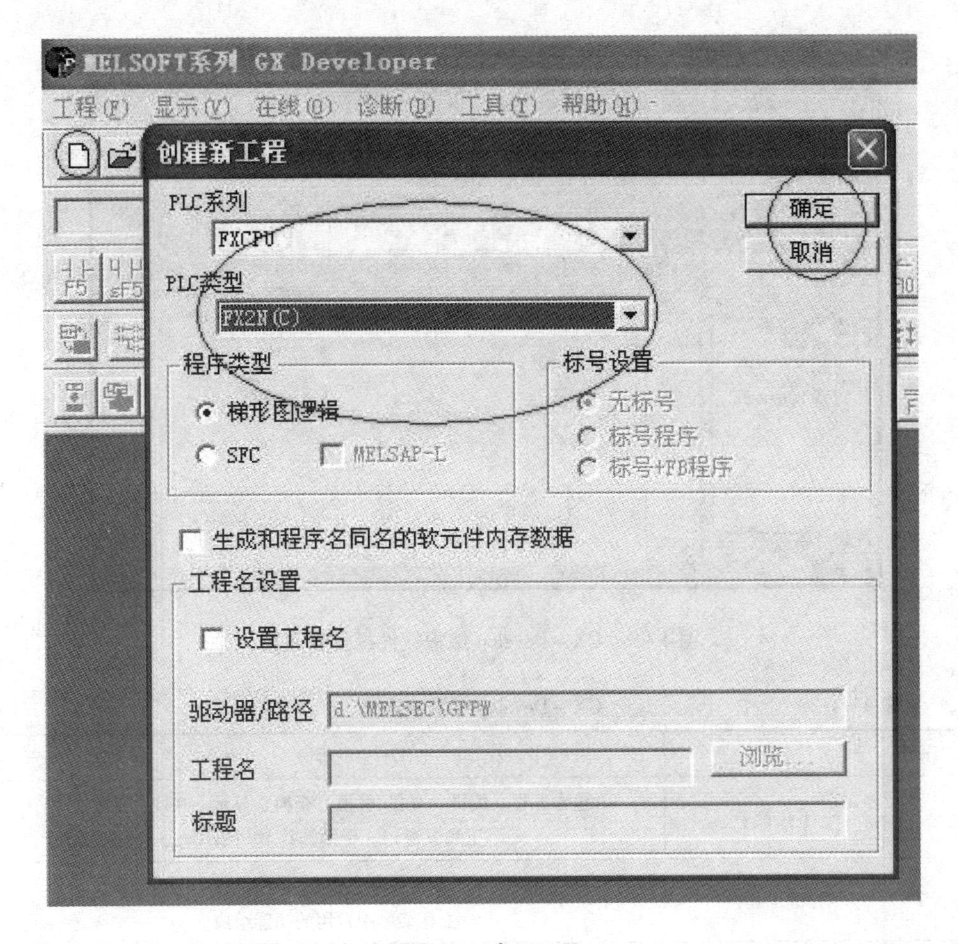

图4－8　建立工程

4.2.2　操作界面

图4－9所示为GX－Developer编程软件的操作界面，该操作界面大致由下拉菜单、工具条、编程区、工程数据列表、状态条等部分组成。这里需要特别注意的是在FX－GP/WIN－C编程软件里称编辑的程序为文件，而在GX Developer编程软件中称之为工程。

与FX－GP/WIN－C编程软件的操作界面相比，该软件取消了功能图、功能键，并将这两部分内容合并，作为梯形图标记工具条；新增加了工程参数列表、数据切换工具条、注释工具条等。这样友好的直观的操作界面使操作更加简便。

图4－9中引出线所示的名称、内容说明如表4－1所示。

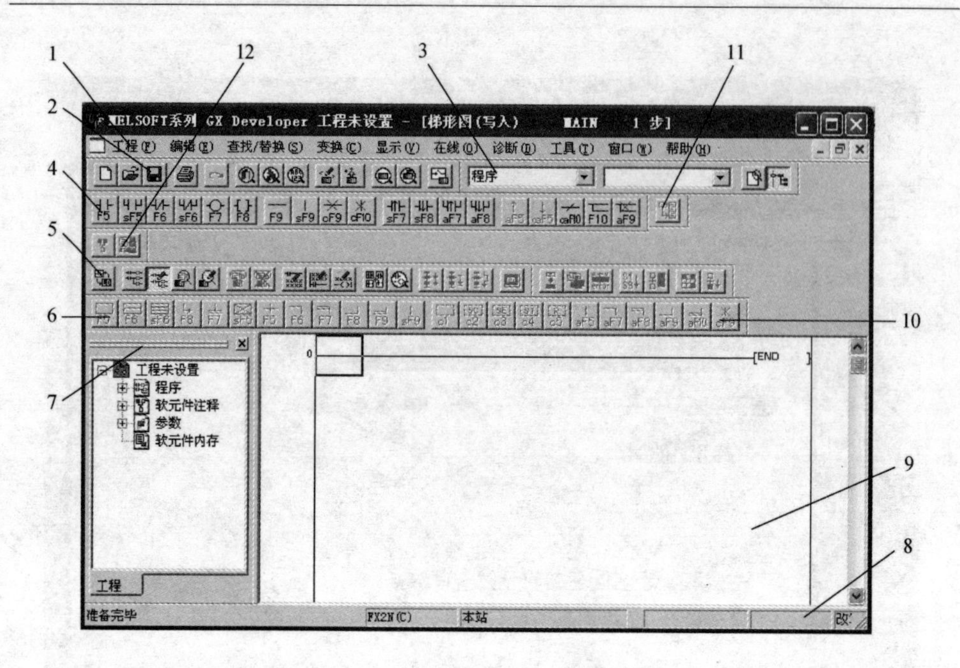

图4-9　GX-Develop编程软件操作界面图

表4-1　　GX-Developer操作界面

序号	名称	内容
1	下拉菜单	包含工程、编辑、查找/替换、交换、显示、在线、诊断、工具、窗口、帮助，共10个菜单
2	标准工具条	由工程菜单、编辑菜单、查找/替换菜单、在线菜单、工具菜单中常用的功能组成
3	数据切换工具条	可在程序菜单、参数、注释、编程元件内存这四个项目中切换
4	梯形图标记工具条	包含梯形图编辑所需要使用的常开触点、常闭触点、应用指令等内容
5	程序工具条	可进行梯形图模式、指令表模式的转换；进行读出模式、写入模式、监视模式、监视写入模式的转换
6	SFC工具条	可对SFC程序进行块变换、块信息设置、排序、块监视操作
7	工程参数列表	显示程序、编程元件注释、参数、编程元件内存等内容，可实现这些项目的数据的设定
8	状态栏	提示当前的操作：显示PLC类型以及当前操作状态等
9	操作编辑区	完成程序的编辑、修改、监控等的区域
10	SFC符号工具条	包含SFC程序编辑所需要使用的步、块启动步、选择合并、平行等功能键
11	编程元件内存工具条	进行编程元件的内存的设置
12	注释工具条	可进行注释范围设置或对公共/各程序的注释进行设置

4.2.3　梯形图编辑

梯形图在编辑时的基本操作步骤和操作的含义与 FX - GP/WIN - C 编程软件类似，但在操作界面和软件的整体功能方面有了很大的提高。在使用 GX Developer 编程软件进行梯形图基本功能操作时，可以参考 FX - GP/WIN - C 编程软件的操作步骤进行编辑。

4.2.3.1　梯形图的创建

功能：该操作主要是执行梯形图的创建和输入操作，下面就以实例介绍梯形图创建的方法。

创建要求：在 GX Developer 中创建如图 4 - 10 所示的梯形图。

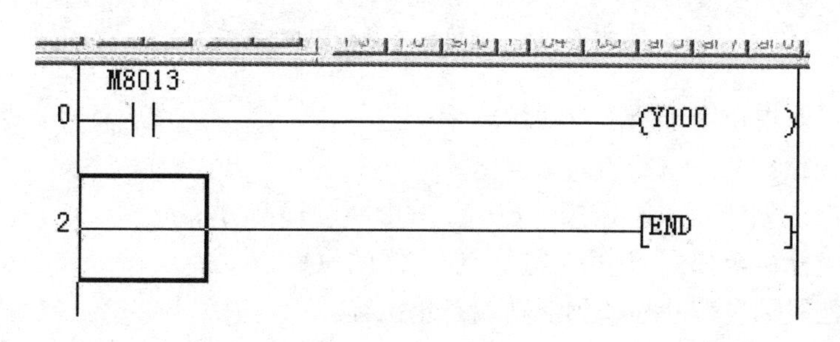

图 4 - 10　梯形图

（1）通过工具按钮创建梯形图，如图 4 - 11 所示。

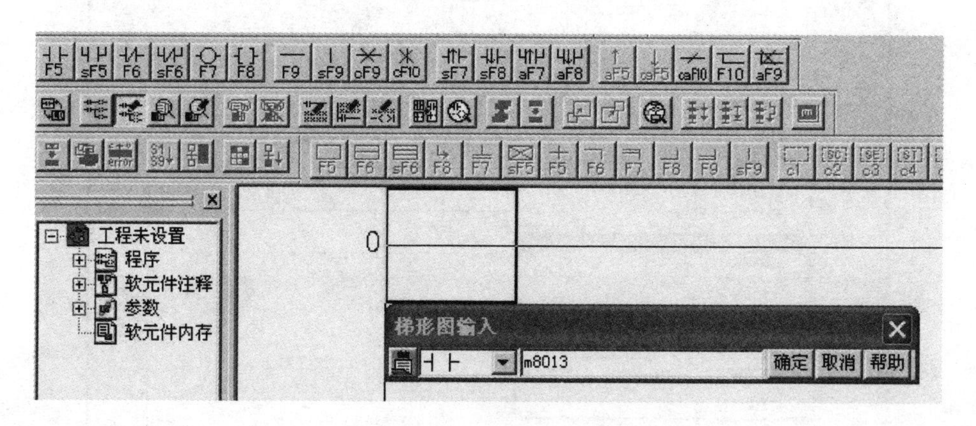

图 4 - 11　通过工具栏创建梯形图

（2）用指令表创建梯形图，点左上角的图标，它是“梯形图/指令表切换”的功能，然后直接输入指令。如图 4 - 12 所示。

4.2.3.2　规则线操作

（1）规则线插入

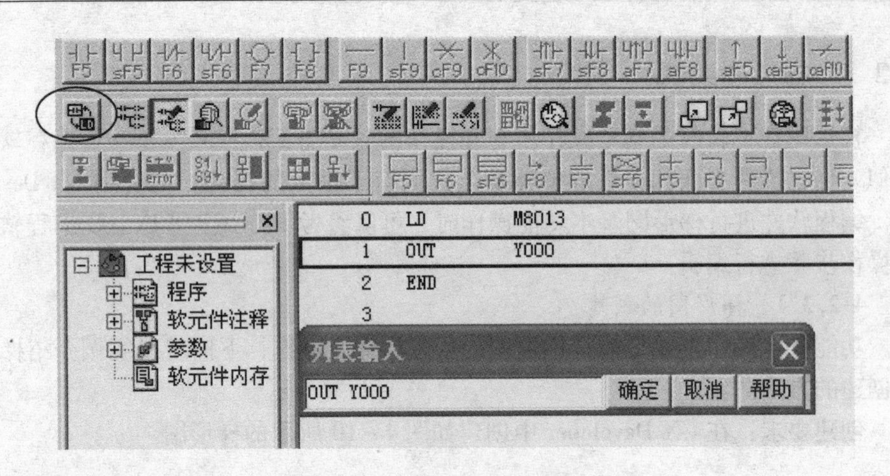

图 4－12　通过指令表创建梯形图

功能：该指令用于插入规则线。

操作步骤：

①单击［划线写入］或按［F10］，如图 4－13 所示；

②将光标移至梯形图中需要插入规则线的位置；

③按住鼠标左键并移动到规则线终止位置。

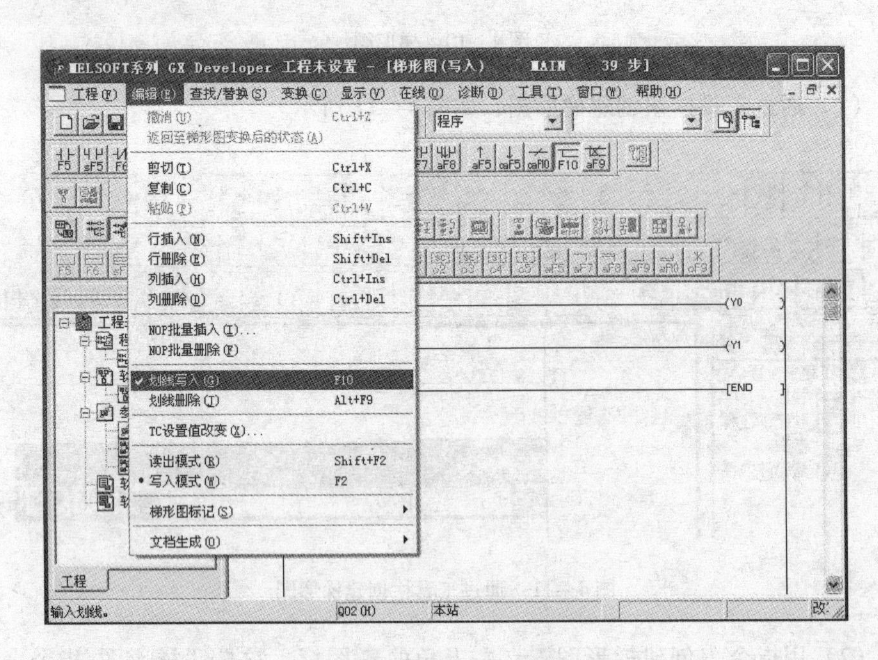

图 4－13　规则线插入操作说明

(2) 规则线删除

功能；该指令用于删除规则线。

操作步骤：

①［划线写入］或按［F9］，如图 4－14 所示；

②将光标移至梯形图中需要删除规则线的位置；

③按住鼠标左键并移动到规则线终止位置。

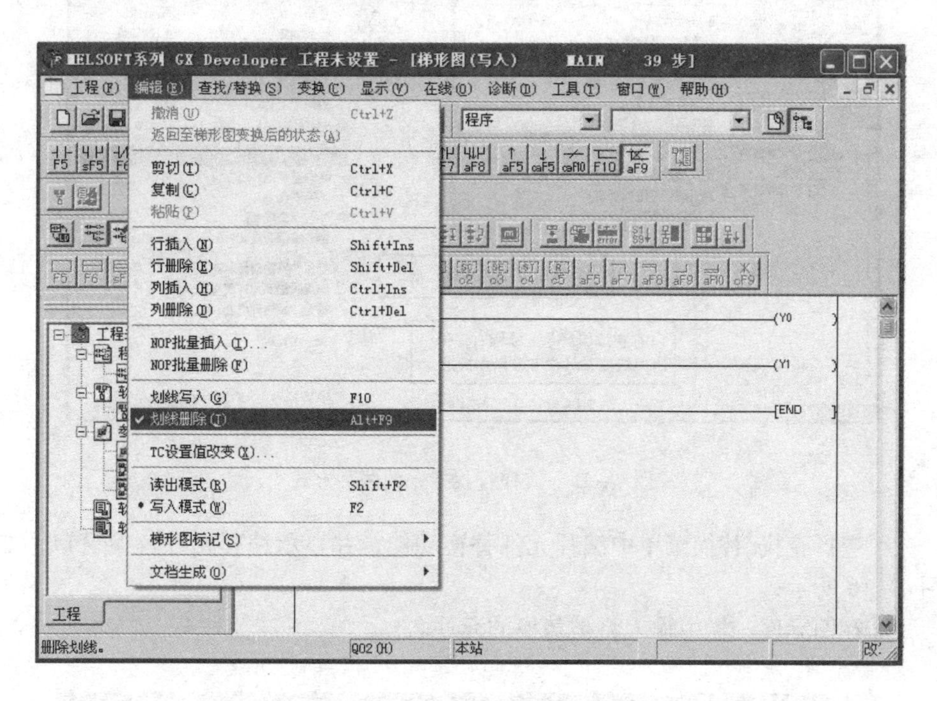

图 4－14　规则线删除操作说明

4.2.3.3　查找及注释

(1) 查找/替换

与 FX－GP/WIN－C 编程软件一样，GX Developer 编程软件也为用户提供了查找功能，相比之下后者的使用更加方便。选择查找功能时可以通过以下两种方式来实现（见图 4－15）：通过点选查找/替换下拉菜单选择查找指令；在编辑区单击鼠标右键弹出的快捷工具栏中选择查找指令。

替换功能的使用：查找/替换菜单中的替换功能根据替换对象不同，可为编程元件替换、指令替换、常开常闭触点互换、字符串替换等。下面介绍常用的几个替换功能。

1) 编程元件替换

功能：通过该指令的操作可以用一个或连续几个元件把旧元件替换掉。在实际操作过程中，可根据用户的需要或操作习惯对替换点数、查找方向等进行设定，方便使用者操作。

操作步骤：

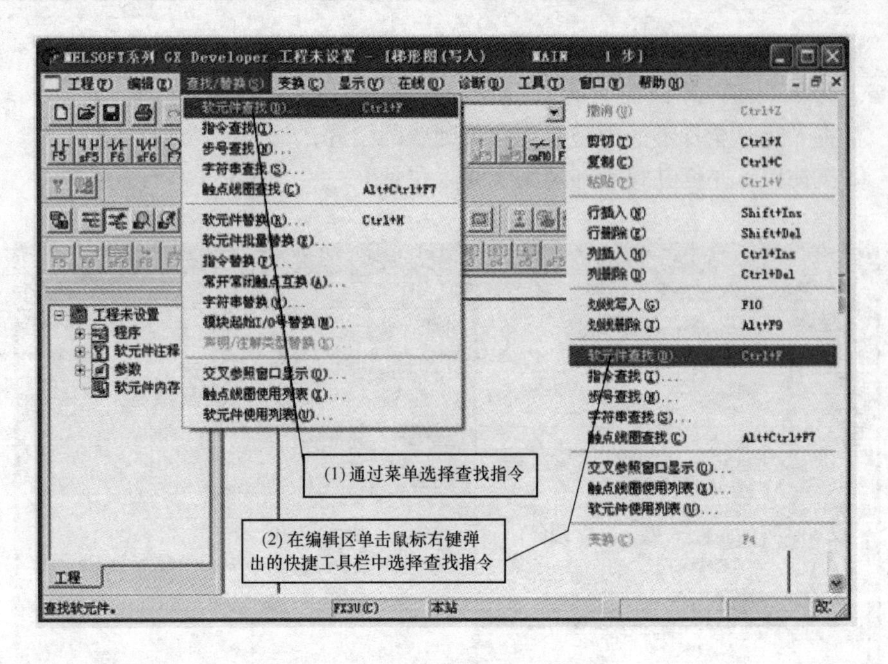

图4-15 选择查找指令的两种方式

①选择查找/替换菜单中编程元件替换功能，并显示编程元件替换窗口，如图4-16所示；

②在旧元件一栏中输入将被替换的元件名；

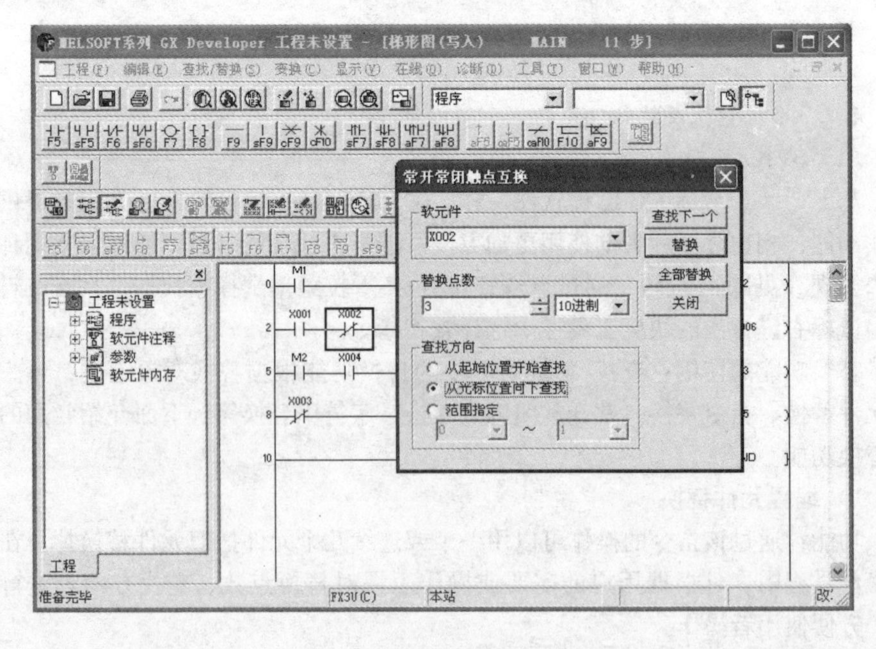

图4-16 编程元件替换操作

③在新元件一栏中输入新的元件名；

④根据需要可以对查找方向、替换点数、数据类型等进行设置；

⑤执行替换操作，可完成全部替换、逐个替换、选择替换。

说明：

①替换点数。举例说明：当在旧元件一栏中输入“X002”，在新元件一栏中输入“M10”，且替换点数设定为“3”时，执行该操作的结果是：“X002”替换为“M10”，“X003”替换为“M11”，“X004”替换为“M12”。此外，设定替换点数时可选择输入的数据为十进制或十六进制。

②移动注释/机器名。在替换过程中可以选择注释/机器名不跟随旧元件移动，而是留在原位成为新元件的注释/机器名；当该选项前打勾时，则说明注释/机器名将跟随旧元件移动。

③查找方向。可选择从起始位置开始查找、从光标位置向下查找、在设定的范围内查找。

2）指令替换

功能：通过该指令的操作可以将一个新的指令把旧指令替换掉，在实际操作过程中，可根据用户的需要或操作习惯进行替换类型、查找方向的设定，方便使用者操作。

操作步骤：

①选择查找/替换菜单中指令替换功能，并显示指令替换窗口，如图 4－17 所示；

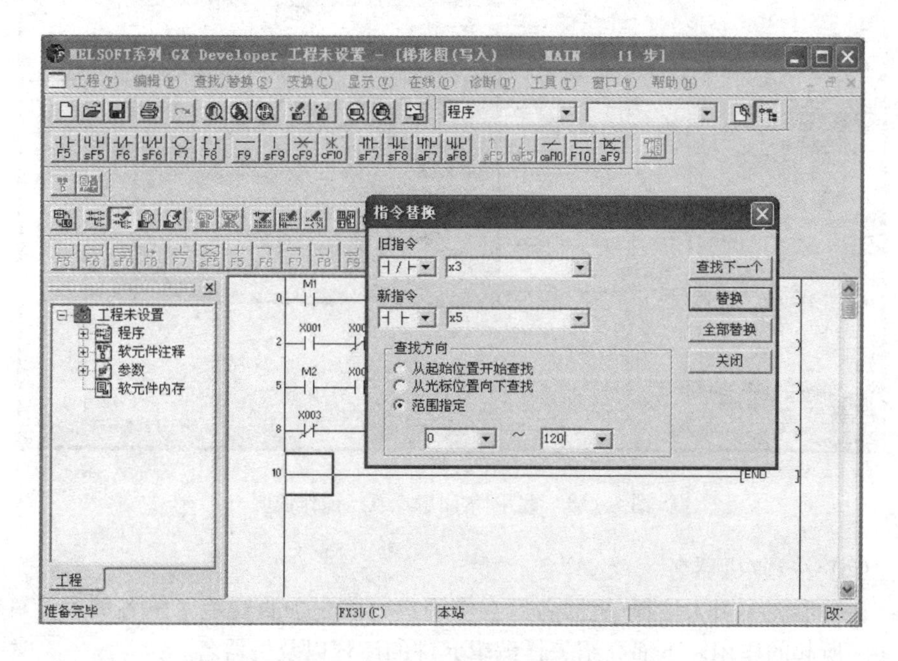

图 4－17　指令替换操作说明

②选择旧指令的类型（常开、常闭），输入元件名；

③选择新指令的类型，输入元件名；

④根据需要可以对查找方向、查找范围进行设置；

⑤执行替换操作，可完成全部替换、逐个替换、选择替换。

3）常开常闭触点互换

功能：通过该指令的操作可以将一个或连续若干个编程元件的常开、常闭触点进行互换。该操作为编程的修改、编程程序提供了极大的方便，避免因遗漏导致个别编程元件未能修改而产生的错误。

操作步骤：

①选择查找/替换菜单中常开常闭触点互换功能，并显示互换窗口，如图4－18所示；

②输入元件名；

③根据需要对查找方向、替换点数等进行设置，这里的替换点数与编程元件替换中的替换点数的使用和含义是相同的；

④执行替换操作，可完成全部替换、逐个替换、选择替换。

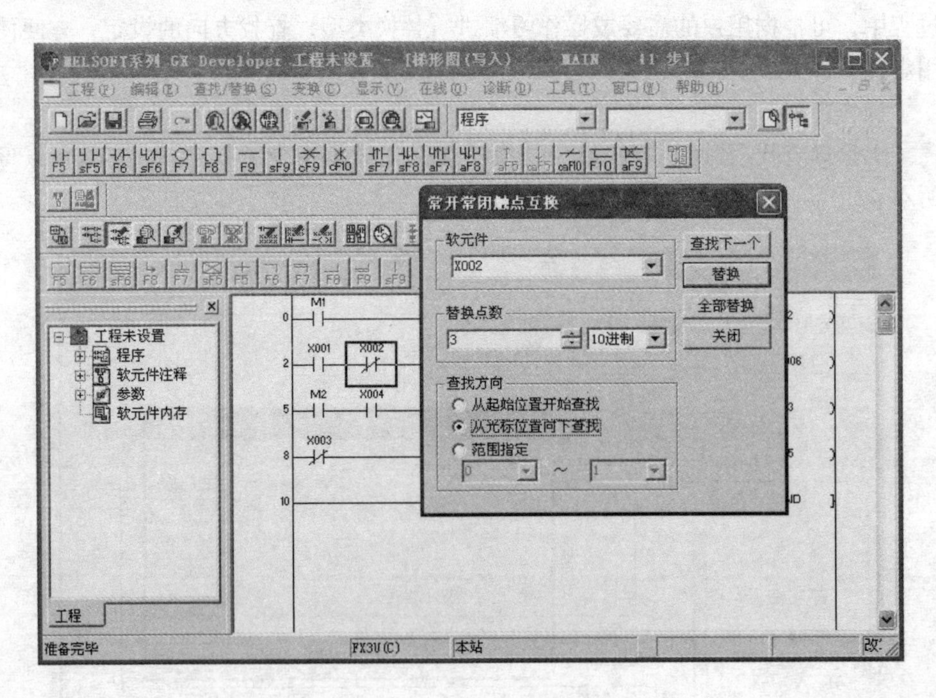

图4－18　常开/常闭触点互换操作说明

（2）注释/机器名

在梯形图中引入注释/机器名后，使用户可以更加直观地了解各编程元件在程序中所起的作用。下面介绍怎样编辑元件的注释以及机器名。

1）注释/机器名的输入　操作步骤：

①单击显示菜单，选择工程数据列表，并打开工程数据列表。也可按“Alt + O ”键打开、关闭工程数据列表，如图4－19所示；

②在工程数据列表中单击软件元件注释选项，显示COMMENT（注释）选项，双击该选项；

③显示注释编辑画面；

④在软元件名一栏中输入要编辑的元件名，单击“显示”键，画面就显示编辑对象；

⑤在注释/机器名栏目中输入欲说明内容，即完成注释/机器名的输入。

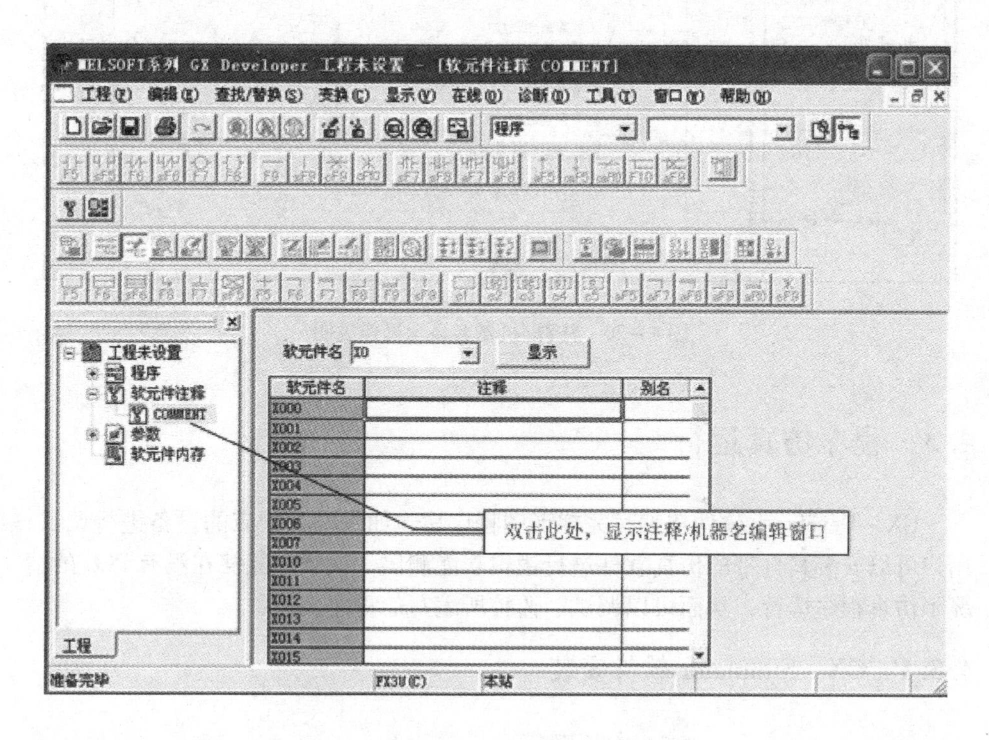

图4－19　注释/机器名输入操作说明

2）注释/机器名的显示　用户定义完软件注释和机器名，如果没有将注释/机器名显示功能开启，软件是不显示编辑好的注释和机器名的，进行下面操作可显示注释和机器名。

操作步骤：

①单击显示菜单，选择注释显示（可按Ctrl + F5）、机器名显示（可按Alt + Ctrl + F6）即可显示编辑好的注释、机器名，如图4－20所示；

②单击显示菜单，选择注释显示形式，还可定义显示注释、机器名字体的大小。

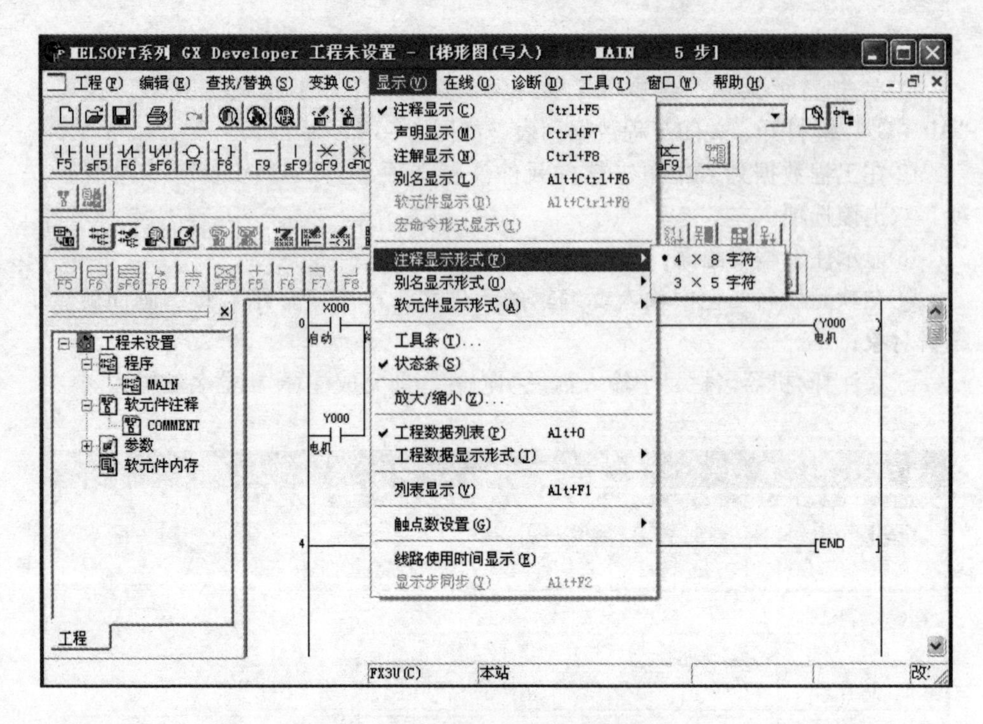

图4-20　注释/机器名显示操作说明

4.3　程序仿真运行

GX-Developer软件在编写完梯形图程序后，如果没有相应的设备进行调试，用户可以安装其自带的仿真软件进行逻辑功能测试。该软件能够在没有PLC的情况下仿真程序运行，从而可以调试、监控所编写的程序。

4.3.1　GX-Simulator软件安装

（1）安装系统环境 

点击【EnvMEL】文件夹里面的 SETUP Setup Launcher InstallShield So...，安装完成后进行下一步。

（2）点击软件所在文件夹里面的安装程序，如图4-21～图4-23所示，按步骤完成安装。

4.3.2　程序仿真运行

我们以一个例子来说明程序仿真的操作方法。

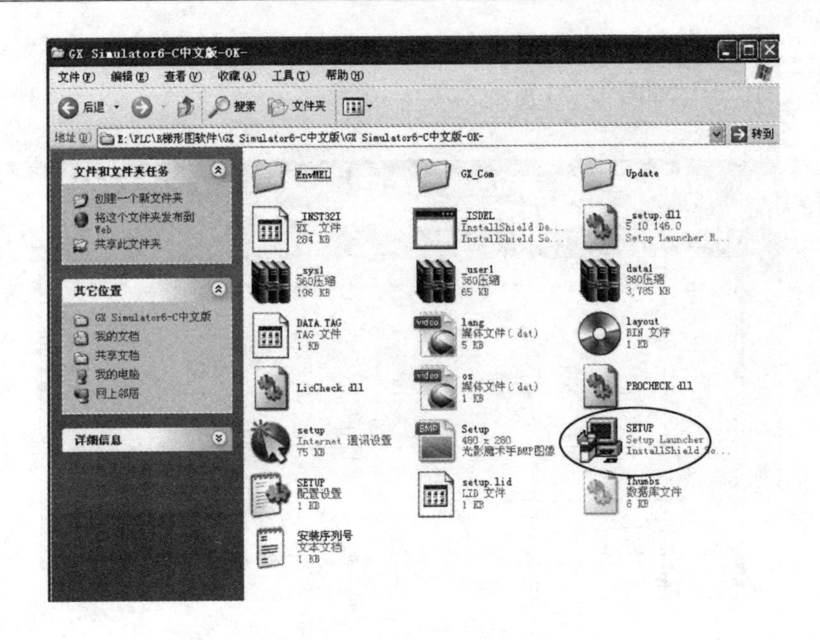

图 4－21　安装 GX－Simulator

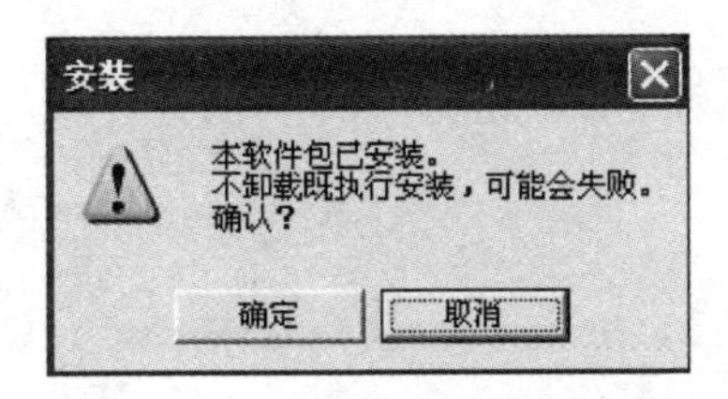

图 4－22　安装提示，点击确定

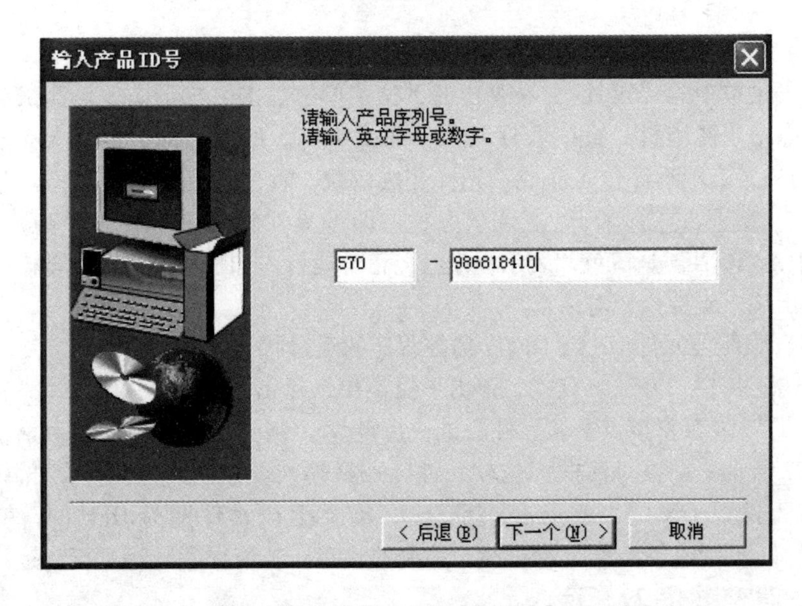

图 4－23　软入软件系列号，点击【下一个】直至安装完成

（1）程序输入，再转换

输入的梯形图如图 4－24 所示。

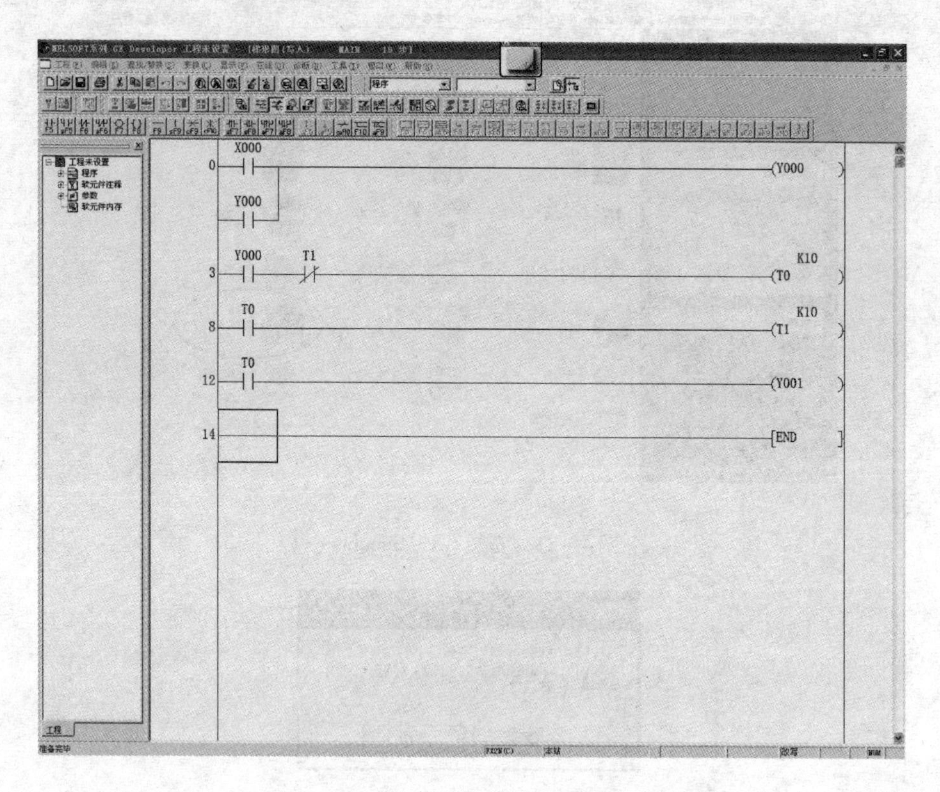

图 4－24　输入梯形图

（2）梯形图逻辑测试启动

点击菜单中的“工具”，在弹出的下拉菜单中点击“梯形图逻辑测试启动”，或直接点击快捷键，此时程序写入，如图 4－25 所示。待参数写入完成后图 4－25消失，表示程序传入完成。光标变成蓝块，程序已处于监控状态。且在状态出现 LADDER LOGIC TEST TOOL，点击该状态栏，即可具对话框（见图 4－26）。在图 4－26中，“RUN”是黄色，表示程序已经正常运行。如程序有错或出现未支持指令，则出现未支持指令对话框。

（3）强制位元件 ON 或 OFF，监控程序的运行状态

点击工具栏“在线（O）”，弹出下拉菜单，点击“调试（B）”→“软元件测试（D）”或者直接点击软元件测试快捷键，则弹出位元件测试对话框，如图 4－27 所示。在该对话框“位软元件”一栏输入要强制的位元件，如 X0，需要把该元件置 ON 的，就点击 强制 ON ，需要把该元件置为 OFF 的，就点击 强制OFF 。同时在执行结果栏中显示强制的状态。若该程序已经运行，运行结果如图 4－28 和图 4－29 所示。

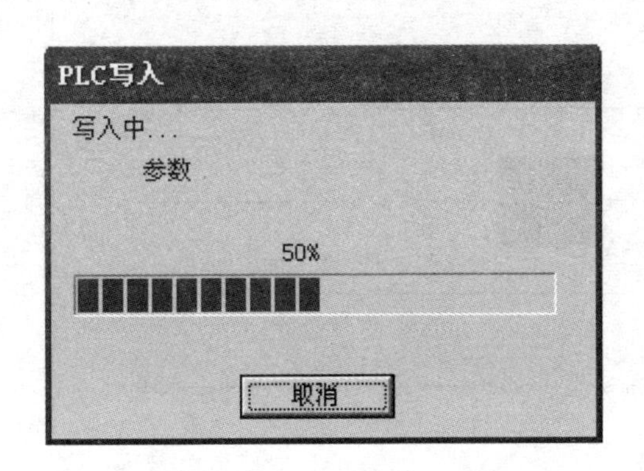

图4－25　PLC写入中

图4－26　梯形图逻辑测试工具对话框

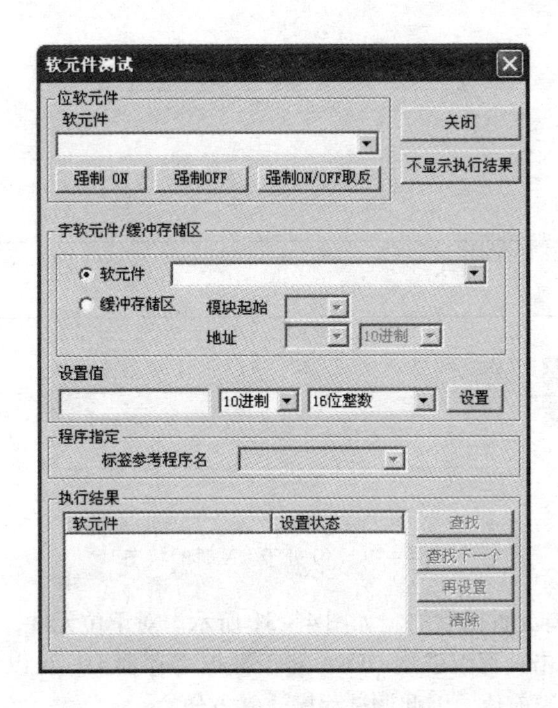

图4－27　位元件测试对话框

（4）监控各位元件的状态和时序图

1）位元件监控　点击状态栏的**继电器内存监视(D)**按钮，弹出如图4－30所示的对话框，点击“软元件（D）”→“位元件窗口”→“Y”，即可监视到所有输出Y的状态，置ON的为黄色，处于OFF状态的不变色。用同样的方法，可以

图 4－28　X0 处于 OFF 时的状态

图 4－29　X0 处于 ON 时的状态

监视到 PLC 内所有元件的状态，如图 4－31 所示。对于位元件，用鼠标双击，可以强置 ON，再双击，可以强制 OFF；对于数据寄存器 D，可以直接置数；对于 T、C 也可以修改当前值，因此调试程序非常方便。

2）时序图监控　在图 4－30 中点击“时序图（T）”→启动，则出现时序图监控，如图 4－32 所示。在图 4－32 中可以看到程序中各元件的变化时序图。

（5）PLC 停止运行

点击图 4－26 所示对话框，选择“STOP”，PLC 就停止运行；再选择“RUN”，PLC 则又运行。

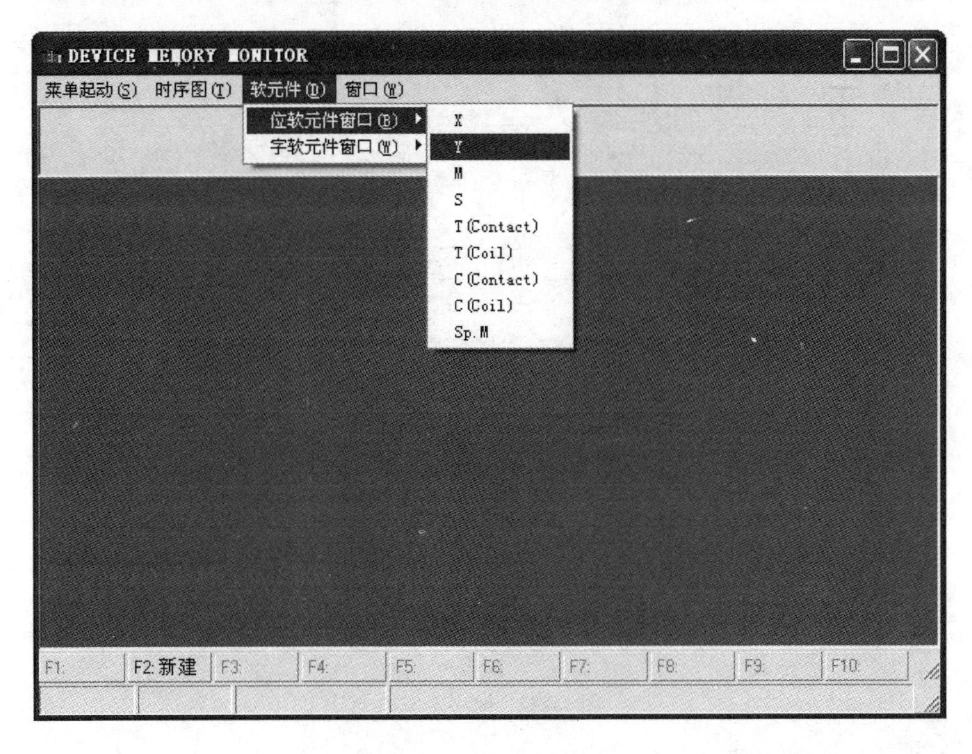

图 4－30　位元件监控启动

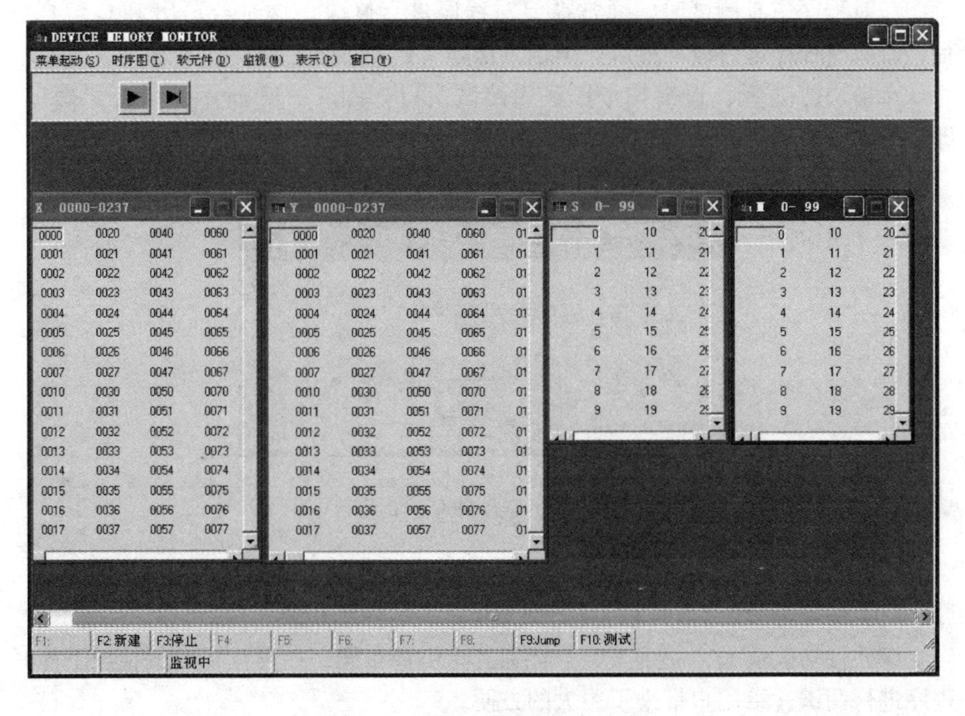

图 4－31　多种元器件同时监控窗口

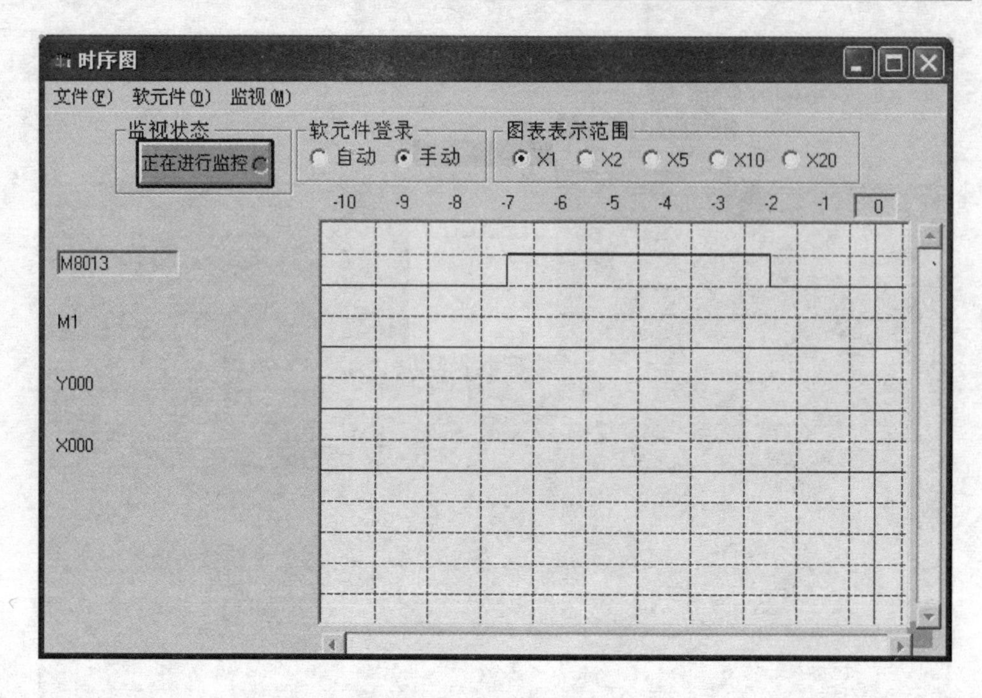

图4－32 时序图监控

（6）退出仿真运行

在对程序仿真测试时，通常需要对程序进行修改，这时若退出PLC仿真运行，需要对程序进行编程修改。退出方法如下：

点击快捷键，退出梯形图逻辑测试窗口如图4－33所示，点击“确定”即可退出仿真运行。

图4－33 退出PLC仿真运行

（7）梯形图和指令表的转换

点击快捷键，即可进行梯形图与指令表之间的切换。

该软件功能强大，使用方便，特别具有仿真功能，在没有PLC的情况下能对程序进行调试，给用户带来了很大的方便。

4.4　FX学习软件的运用

FX学习软件，是将程序仿真运行与动画相结合的练习软件，初学者可以根据自己的能力从易到难，在学习软件上进行练习，运行自己所编的梯形图程序，以达到提高逻辑思维能力，锻炼实际运用能力，使初学者能在缺少硬件PLC的情况下，完成学习PLC运用。

4.4.1　FX学习软件的安装

点击软件目录上的【Setup】文件，进入软件安装→下一步→下一步直至安装完毕（见图4－34）。

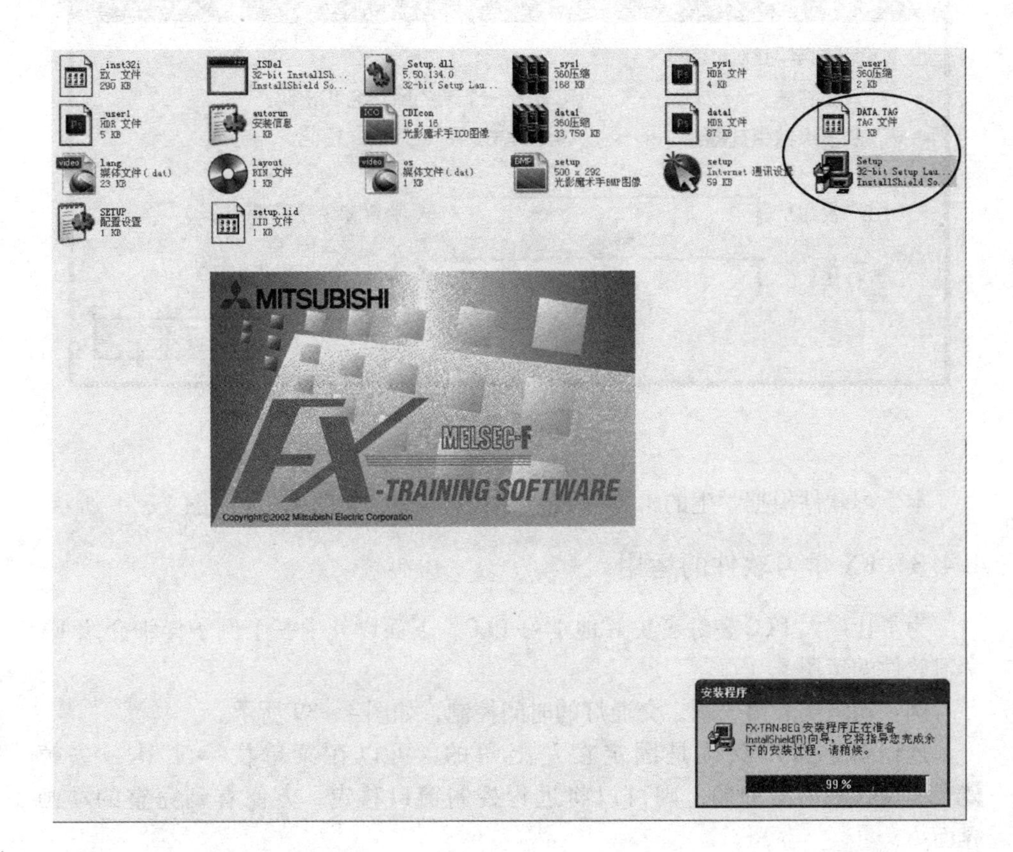

图4－34　软件安装

4.4.2　FX学习软件介绍

点击开始菜单→所有程序→MELSOFT FX TRAINER→FX－TRN－BEG－C，

如图4－35所示，启动软件。

启动后，用户可以将用户名输入，初次登录者，输入的用户名即创建成功，方便记录学习的进度和得分。

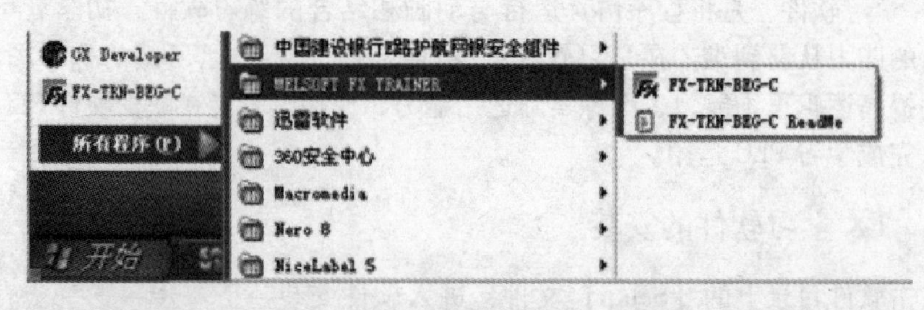

图4－35　启动软件

本学习软件根据学生的水平一共分为六个等级，如图4－36～图4－38所示。

4.4.3　FX学习软件的运用

为了让广大PLC爱好者更好地学习PLC，下面以其中一个例子详细介绍FX学习软件的运用。

例：初级挑战第3题，交通灯的时间控制，如图4－39所示。

远程固定窗口默认是固定在左上角的，可以在菜单栏→工具→去掉 ✓远程控制固定(C) 前面的勾，则可以将远程控制窗口移走，方便看到完整的动画界面。

使用步骤：

（1）了解题目的控制要求

控制交通灯使之在规定的时间间隔内交换信号。使用学过的基础指令和定时器。

（2）编辑梯形图

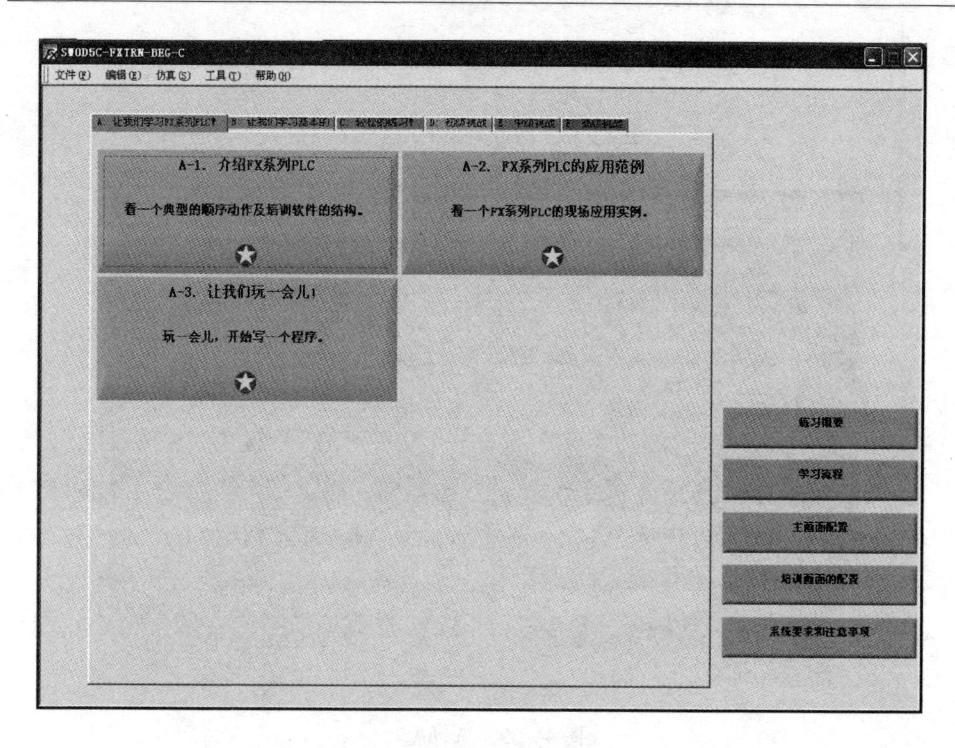

图4-36　软件应用界面

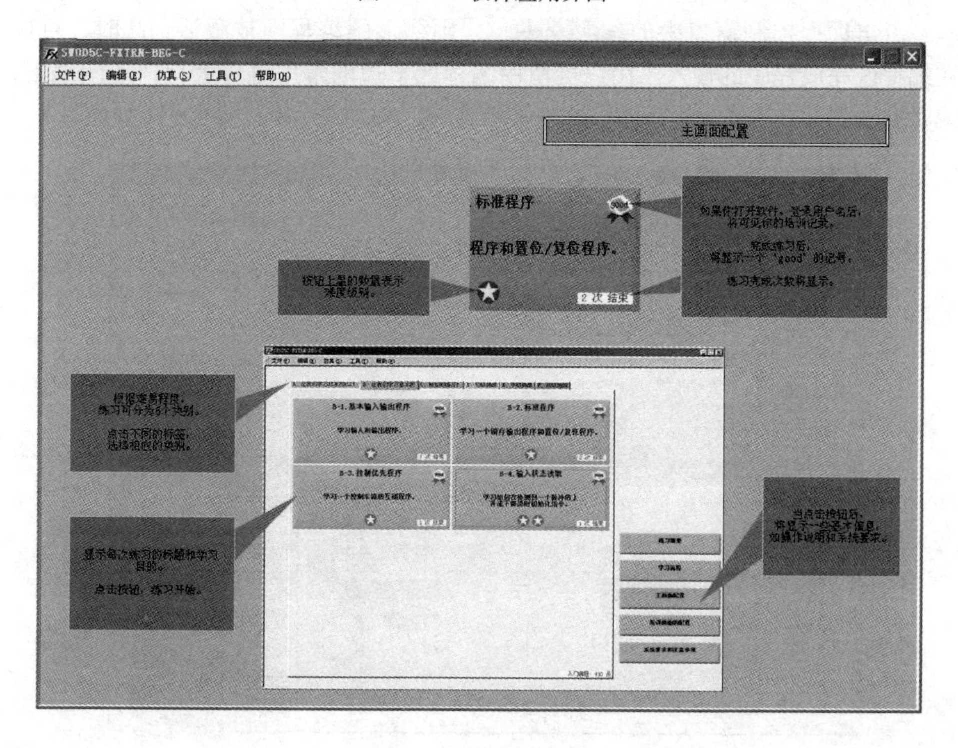

图4-37　主画面配置

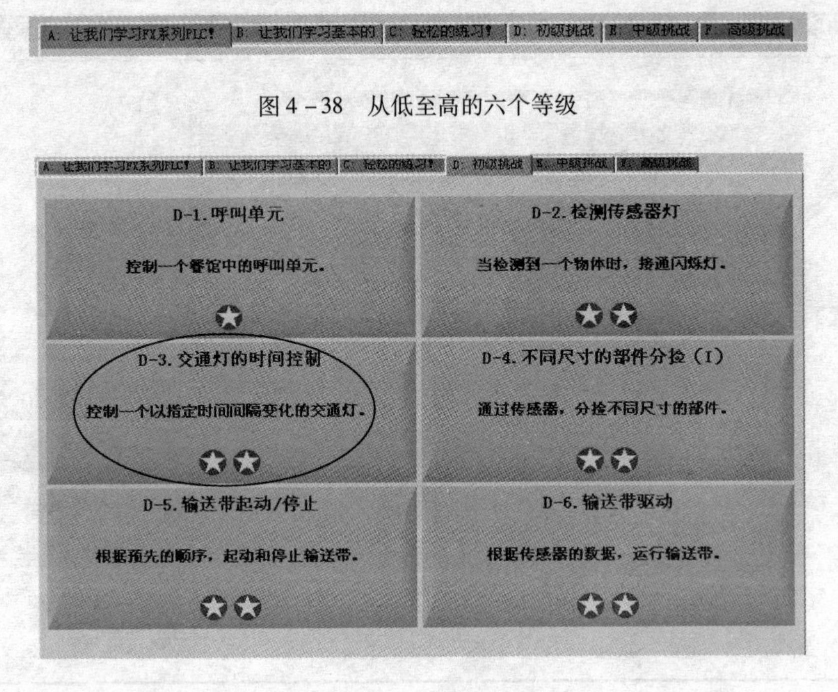

图4-38　从低至高的六个等级

图4-39　选择题目

点击远程控制窗口中的【梯形图编辑】，则梯形图编程图被激活。此时，可以在编程区完成程序的输入。用户可使用编程区下边的常用符号进行梯形图编辑，编辑方法与GX软件应用一样，此处不再详述。如图4-40、图4-41所示。

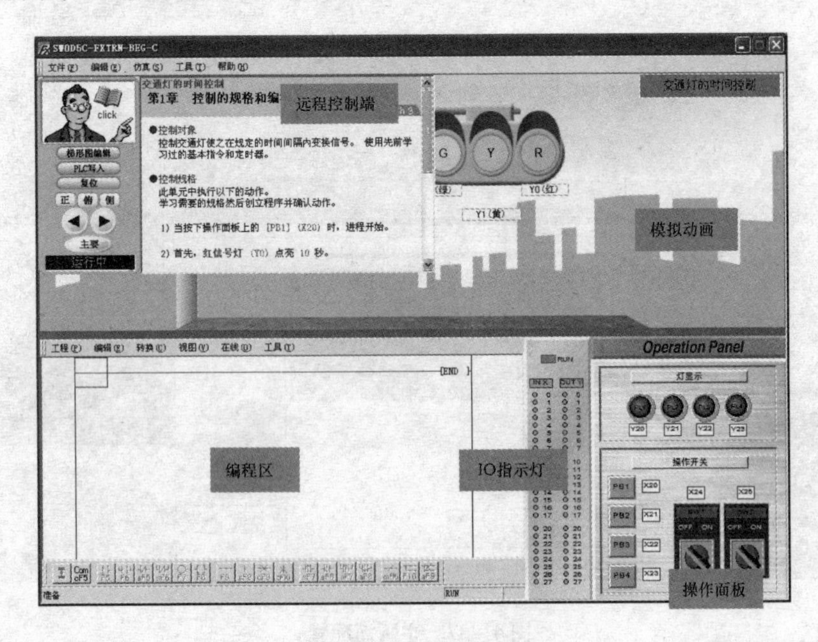

图4-40　仿真软件界面

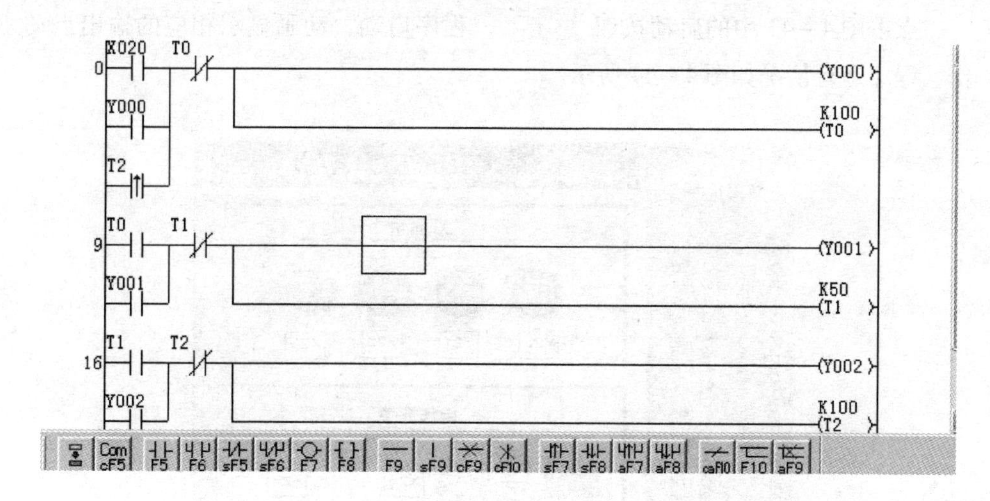

图4－41　梯形图编辑

（3）程序写入内存

将梯形图在编程区输入后，点击 PLC写入 ，则软件会模拟将PLC写入计算机内存中，如图4－42所示。

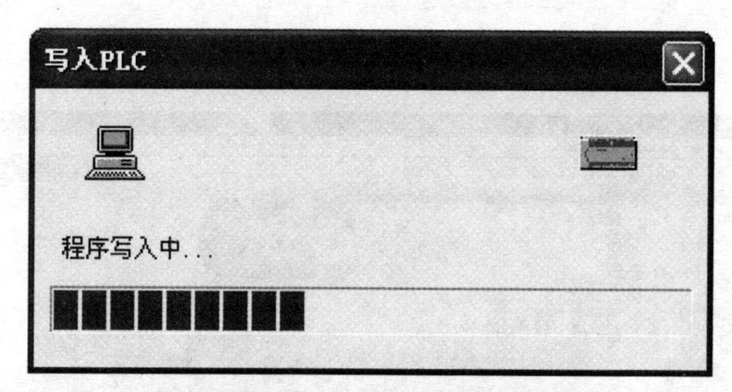

图4－42　程序写入计算机内存中

（4）程序调试

在操作面板区点击相应的按钮，进行程序的调试。

点击图4-43中的启动按钮 PB1 X20，程序启动，动画显示相应的输出点动作。程序运行情况如图4-44所示。

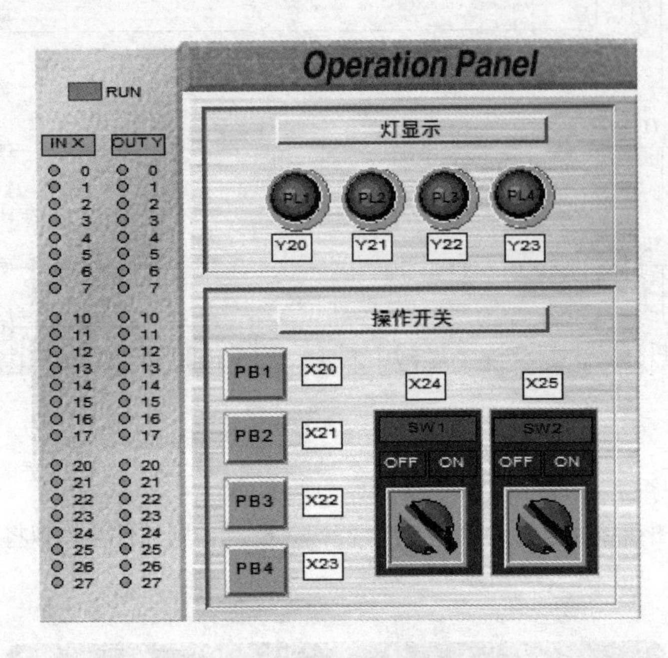

图4-43　操作面板

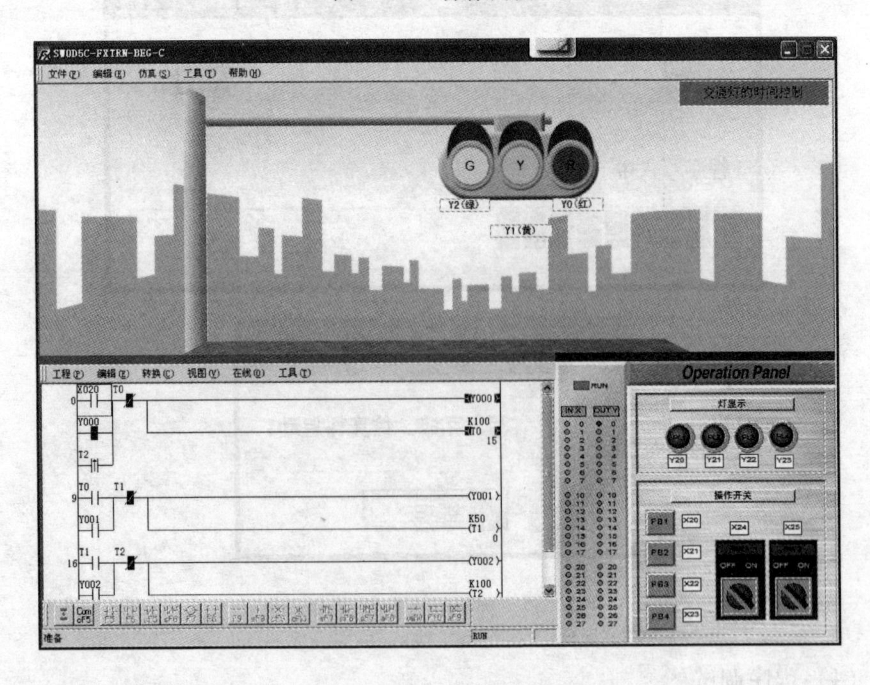

图4-44　程序运行情况

（5）程序的仿真结束

点击复位按钮，可重新启动程序运行，点击梯形图编辑，则可以退出仿真运行。

点击主要返回到主画面。

FX 学习软件里面含有大量的练习，初学者可以借助此软件在没有实物 PLC 的情况下，完成 PLC 常用指令的训练，锻炼逻辑思维能力。

4.4.4　状态转移（SFC）图程序在软件中的仿真运行

FX 学习软件设有 SFC 图的编辑功能，目前很多设备在编程时都使用 SFC 功能顺序控制设备。因此，对于 PLC 初学者来说，SFC 程序的运行仿真也是一个非常重要的学习内容。本节将介绍如何在 FX 学习软件中模拟运行 SFC 程序。

使用步骤：

（1）步进指令的输入

步进指令的输入有两种方法：一是在梯形图中以指令的形式输入，二是转换为 SFC 的形式，以状态转移图的方法编写。

操作步骤：

1）新建一个工程，PLC 系列选择“FXCPU”，PLC 类型选择“FX2N（C）”，程序类型一项选择 SFC，点击确定，如图 4－45 所示。

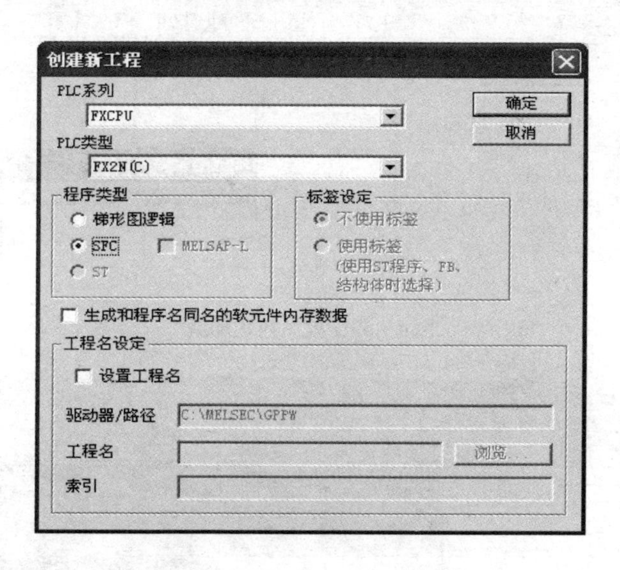

图 4－45　创建一个新 SFC 程序

2）双击 No.0 就会弹出“块信息设置”对话框，在“块标题”中输入程序块的名称，如“初始化”；然后选择程序块的类型，如“梯形图块”，如图 4－46 所示；最后点击执行。

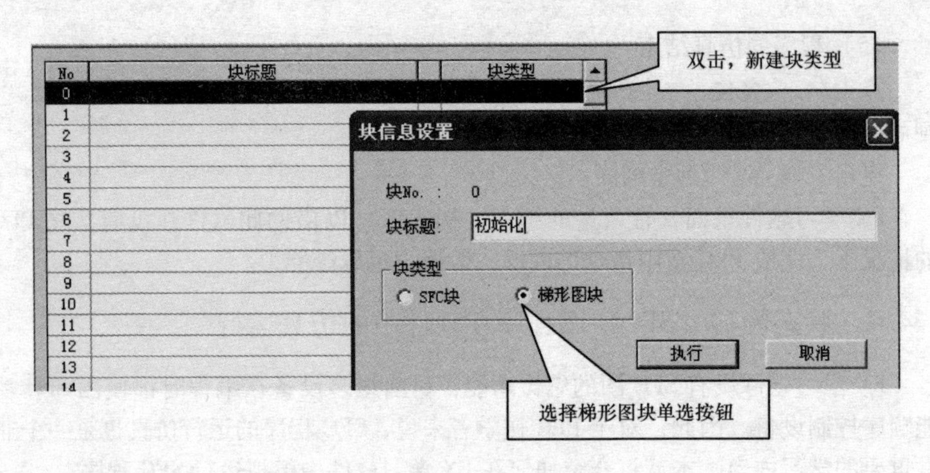

图4－46　创建一个梯形图块

3）选定右边的工作界面，点击F5“常用触点”，输入“M8002”再按“确定”，输入“SET S0”再点击确定，如图4－47和图4－48所示，图4－49所示为初始状态完成，块转移。

说明：让S0置位是使S0变为活动步，只有S0置于活动步后，SFC图才能运行。

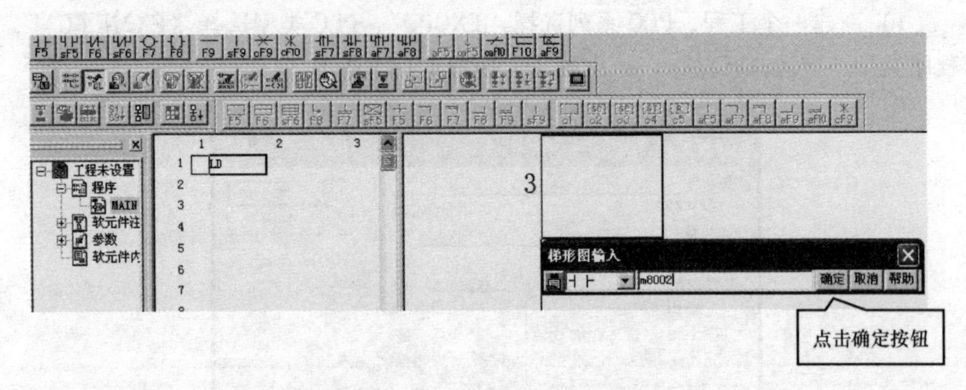

图4－47　程序初化加载

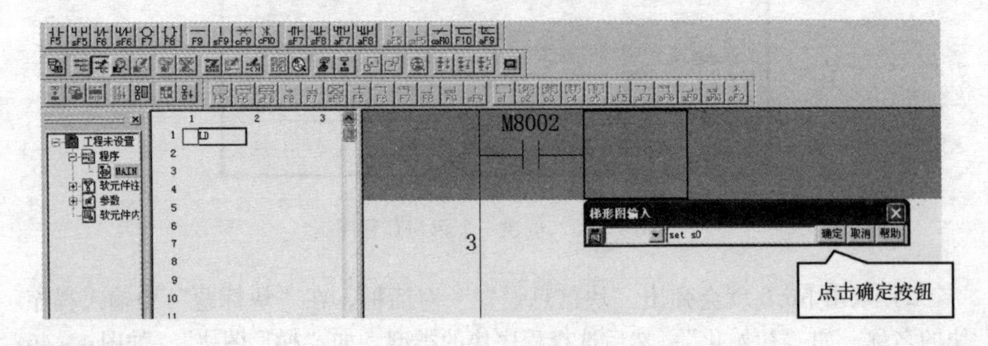

图4－48　置位初始状态

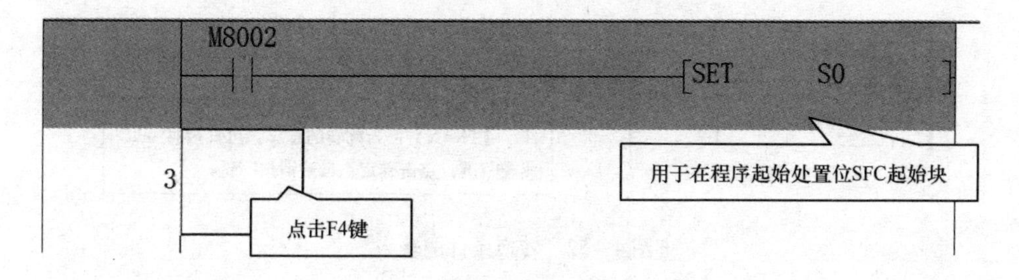

图4-49　初始状态完成，块转移

4）双击工程列表“MAIN”，切换回图4-46状态。点击No.1在块标题处双击，新建一个SFC块，在块标题中输入“红绿灯控制”，然后点击“执行”，如图4-50所示。

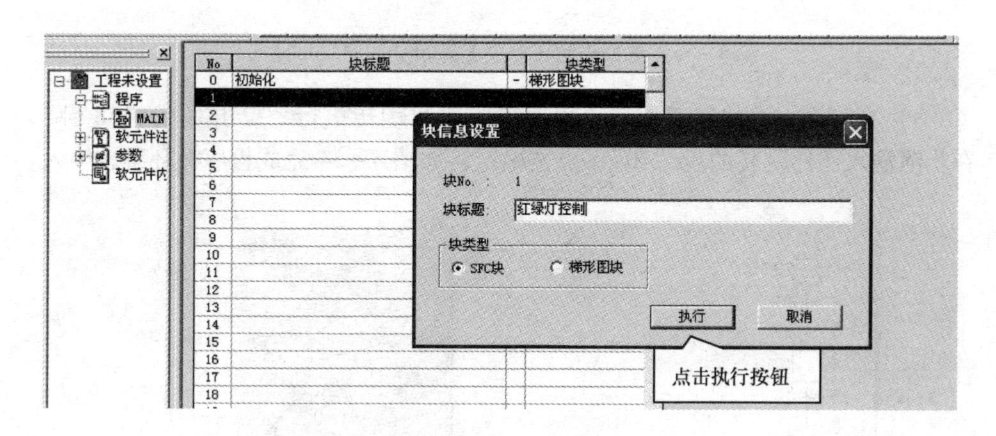

图4-50　创建SFC块

5）选择步，编辑步的内容，如图4-51所示。

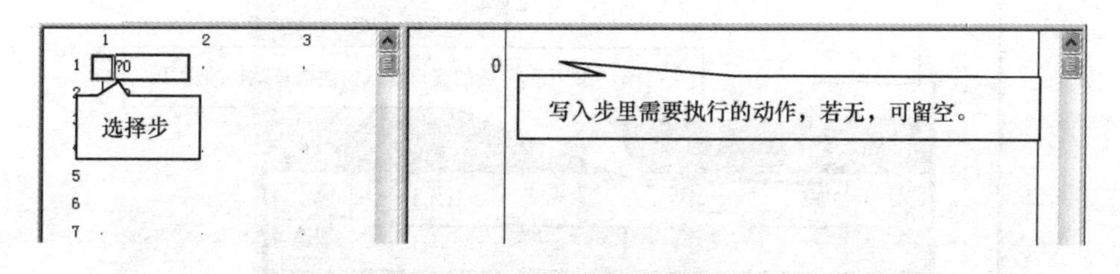

图4-51　编辑步的内容

6）点击“转换条件0”，如图4-52所示，输入转换条件。

7）点击F5或F5，新建一个步?10，系统里默认为10，左边问号表示步里为空。点击?10，在右边程序列框中输入步里的程序。如图4-53所示。

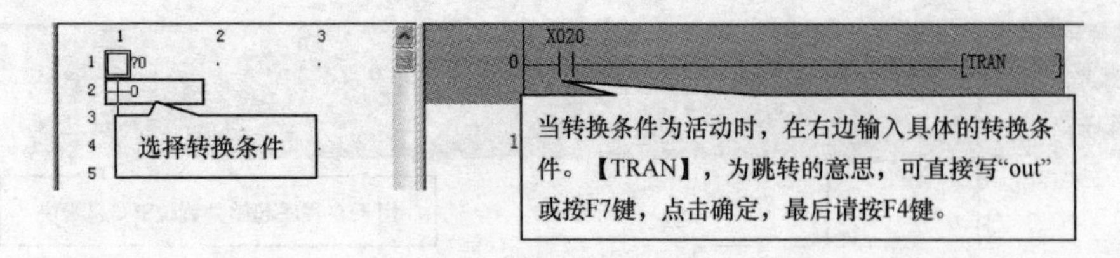

图4－52　转换条件的输入

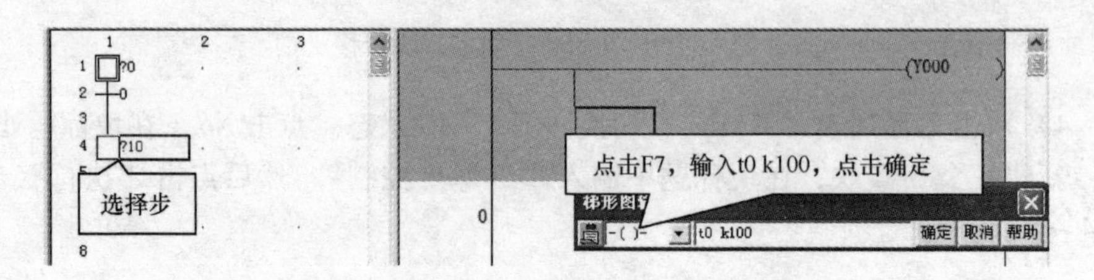

图4－53　根据控制任务要求将SFC程序编写完成

8）当完成一个状态流程后，程序需要返回跳转执行。点击 或“F8键”，在步前输入循环跳转的步“10”，点击确定，如图4－54完成程序循环跳转输入。

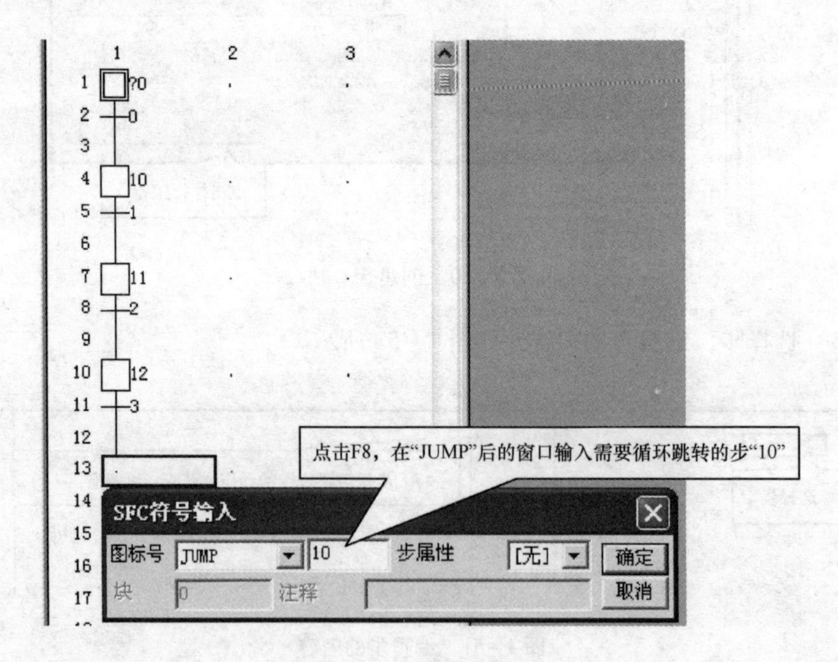

图4－54　程序循环

9）将程序转换成梯形图类型，如图4－55所示。

10）保存程序，如图4－56所示。

（2）运行，调试SFC程序

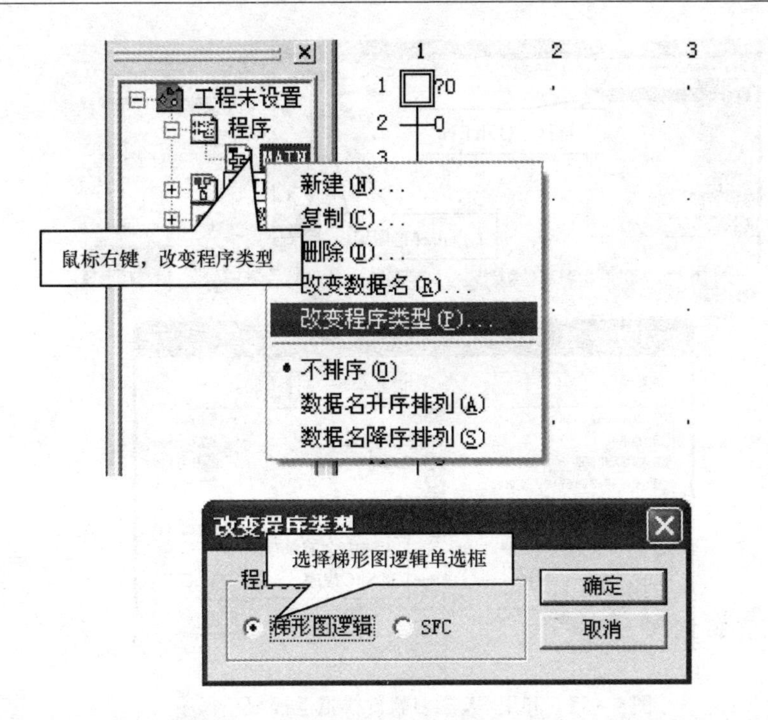

图4－55　改变程序类型

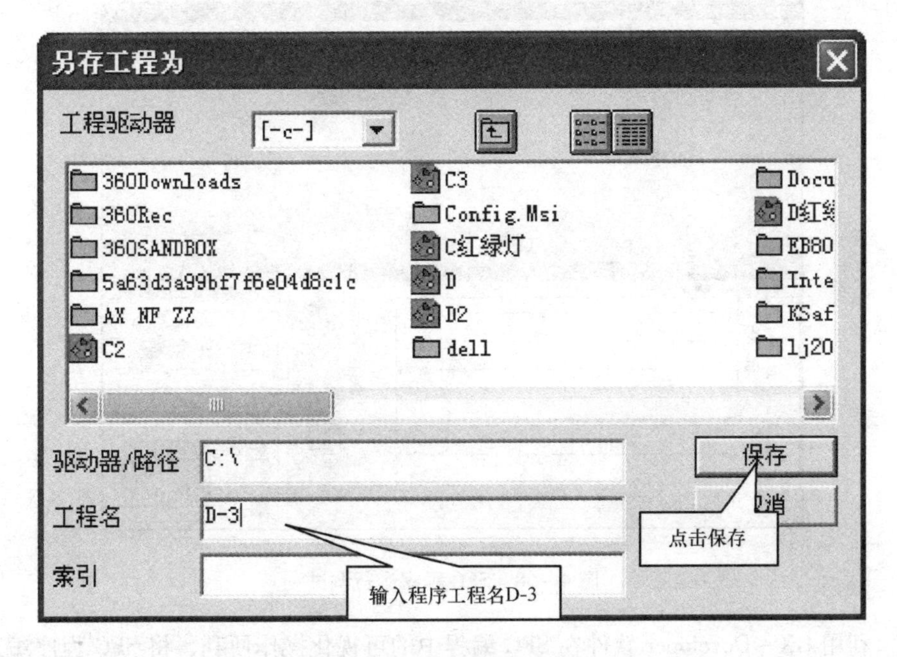

图4－56　保存梯形图程序

利用FX学习软件模拟运行已经编写好的SFC程序，如图4－57所示。点击远程控制端上的 PLC写入 ，调试程序如图4－58所示。

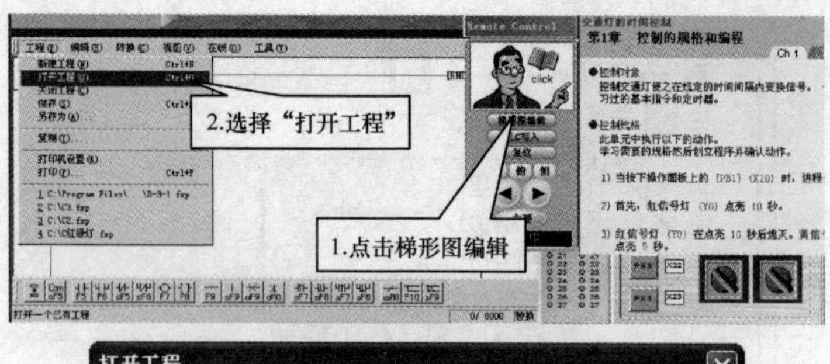

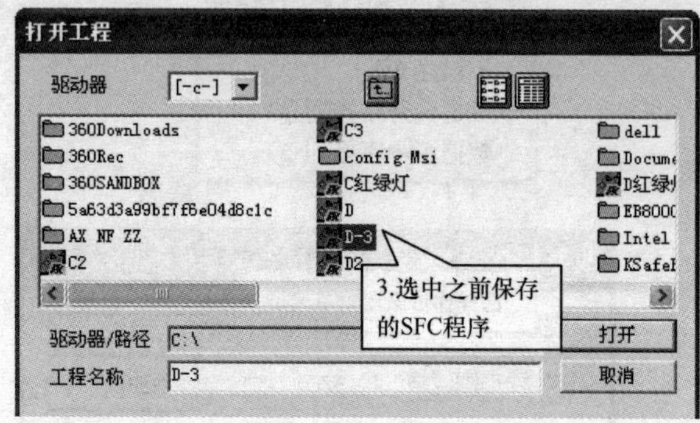

图4－57　利用FX学习软件模拟运行SFC程序

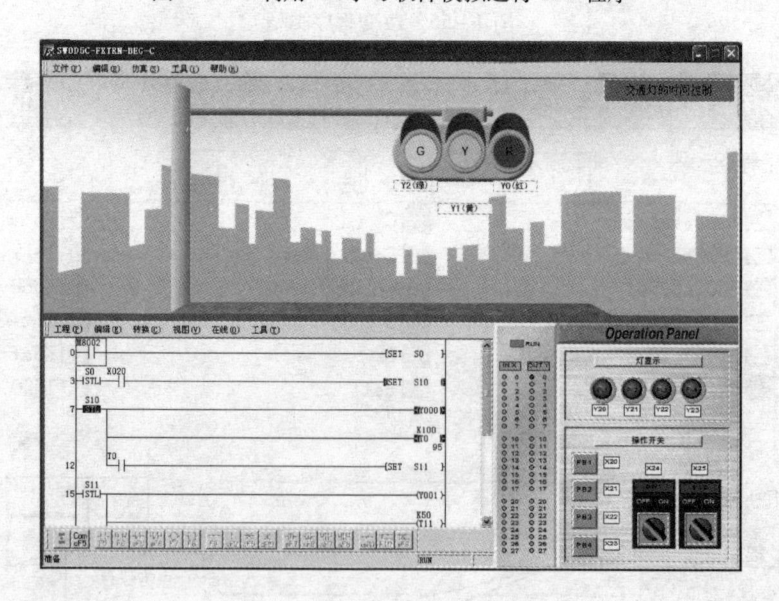

图4－58　SFC程序运行调试

利用GX－Developer软件在SFC编程中的可视化操作便利，将SFC程序编写完毕后保存，然后才在SFC程序中模拟运行。

第5章　传感技术

5.1　传感器概述

5.1.1　传感器的定义

随着科学技术的发展，用非电量的测量方法去测量非电量已不能满足工程测量要求，因而研究开发了新的测量技术——非电量电测技术。非电量电测技术中的关键技术是研究如何将非电量转换成电量的技术——传感器技术。

传感器是一种以一定精确度把被测量（主要是非电量）转换为与之有确定关系、便于应用的某种物理量（主要是电量）的测量装置。这一定义包含了以下几个方面的含义：

①传感器是测量装置，能完成检测任务；

②它的输入量是某一被测量，如物理量、化学量、生物量等；

③它的输入是某种物理量，这种量要便于传输、转换、处理、显示等，这种量可以是气、光、电量，但主要是电量；

④输出与输入间有对应关系，且有一定的精确度。

总之，传感器处于测量系统的最前端，起着获取信息与转换信息的重要作用。

5.1.2　传感器的组成

传感器一般由敏感元件、转换元件、转换电路三部分组成，组成框图如图5－1所示。

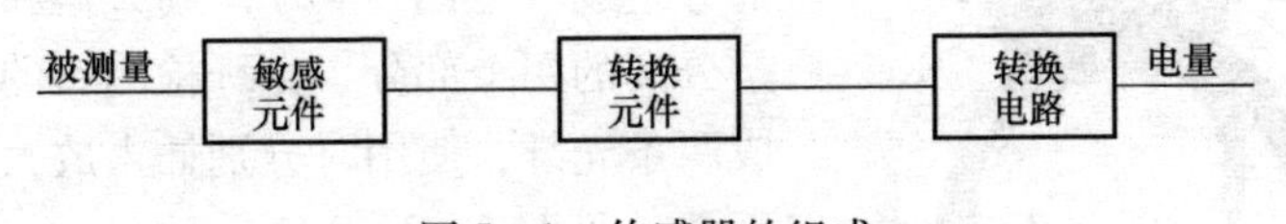

图5－1　传感器的组成

（1）敏感元件：直接感受被测量，输出与被测量有确定关系；

（2）转换元件：磁芯与电感线圈；

（3）转换电路：磁芯变化引起转换电路输出变化。

5.1.3 传感器的分类

传感器是一门知识密集型技术，其原理各种各样，它与许多学科有关，种类繁多，分类方法也很多，目前广泛采用的分类方法有以下几种。

（1）按传感器的工作原理：物理型、化学型、生物型。

（2）按传感器的构成原理：结构型（定理、数学公式）、物性型（材料有关）。

（3）按能量转换

①能量控制型：外加电源、应变电阻、热阻、光阻；

②能量转换型：压电效应、热电效应、光电动势效应。

（4）按用途：位移、压力、温度、振动、电流、电压、功率等；

（5）按物理型分类：

①电参量：电阻式、电感式、电容式；

②磁电式：磁电感；

③压电式；

④光电式：光栅、激光、光纤、红外、摄像；热电式；

⑥波式：超声波、微波；

⑦半导体式。

5.2 传感器的原理与应用

下面主要以实训台上现有的传感器：光纤、电容、电感、光电传感器与磁性开关为例，介绍传感器的工作原理。

5.2.1 光纤传感器

光纤传感器安装于实训台的送料机构，用于检测储料仓内有无工件。其结构如下：

光纤传感器由光纤检测头、光纤放大器两部分组成（见图5－2），放大器和光纤检测头是分离的两个部分，光纤检测头的尾端部分分成两条光纤，使用时分别插入放大器的两个光纤孔（见图5－3）。

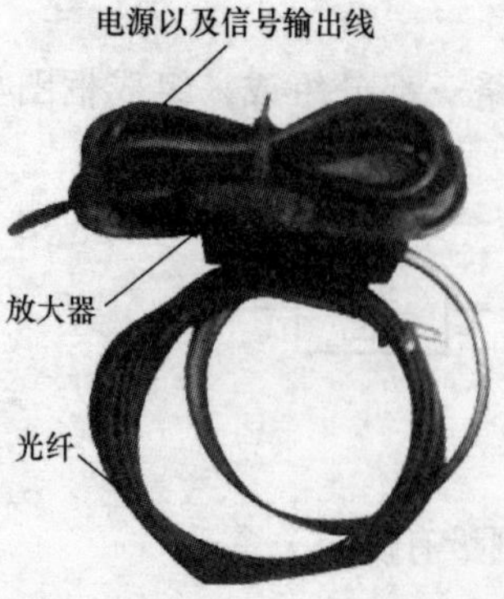

电源以及信号输出线

放大器

光纤

图5－2　光纤传感器的组成

图5－4所示是放大器单元的俯视图，调节其中的8旋转敏度高速旋钮就能进行放大器灵敏度调节（顺时针旋转灵敏度增大）。调节时，会看到“入光量显示灯”发光的变化。

当探测器检测到物料时，“动作显示灯”会亮，提示检测到物料。

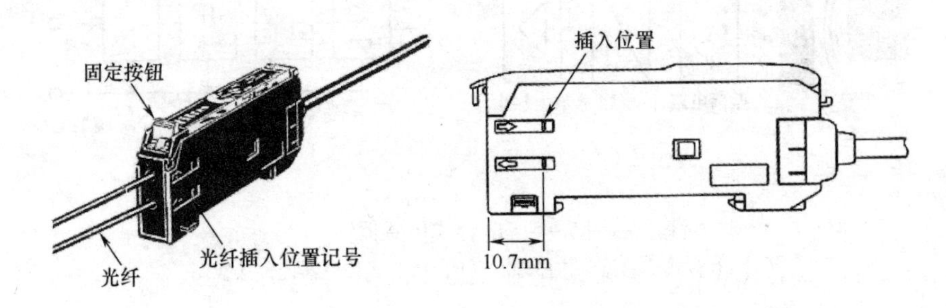

图5－3　光纤检测头

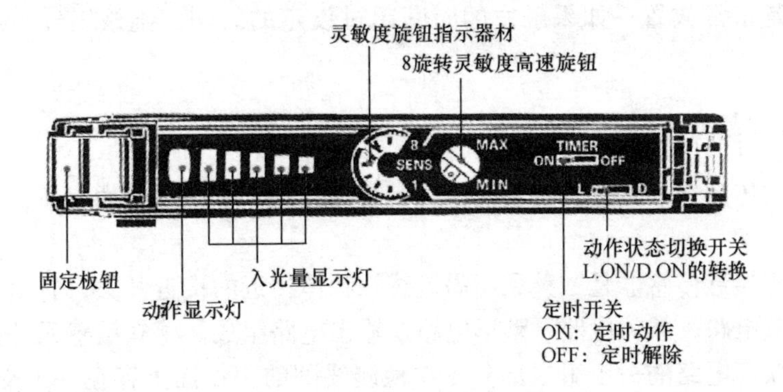

图5－4　放大器单元的俯视图

5.2.2　电容式传感器

电容式传感器安装于实训台的检测模块中，用于检测工件的姿势即正面或反面放置。

电容式传感器的感应面由两个同轴金属电极构成，很像“打开的”电容器电极。该两个电极构成一个电容，串接在振荡回路内。电源接通时，振荡器不振荡，当一物体朝着电容器的电极靠近时，电容器的容量增加，振荡器开始振荡。通过后级电路的处理，将不振和振荡两种信号转换成开关信号，从而起到了检测有无物体存在的目的。这种传感器能检测金属物体，也能检测非金属物体，对金属物体可以获得最大的动作距离。而对非金属物体，动作距离的决定因素之一是材料的介电常数，材料的介电常数越大，可获得的动作距离越大。材料的面积对动作距离也有一定影响。电容式传感器的工作原理如图5－5所示。

传感器的灵敏度可以通过调节灵敏度电位器进行调整，电位器顺时针旋转为增强检测灵敏度，反之则减弱。另外无论工件是正向放置还是反向放置，电容传感器都会动作。因此，在初始过程中，需要对该传感器的接通时间进行滤波。

设置参考方法：因为工件正常旋转接通的时间与反向放置的时间是不相同

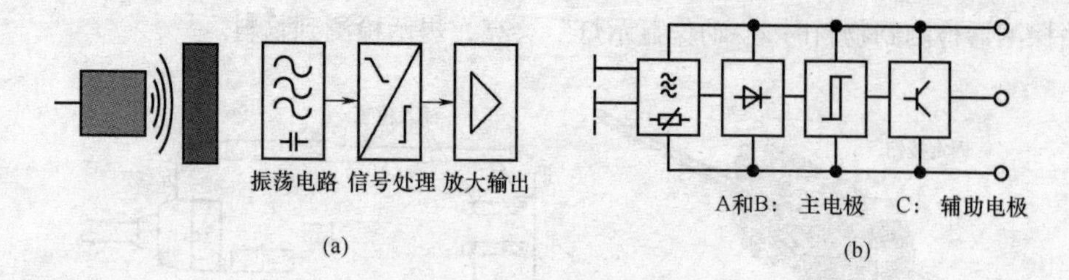

(a)　　(b)

图5-5　电容式传感器

（a）电容式传感器工作原理　（b）电容式传感器内部接线图

的，假设工件在匀速的情况下接通电容传感器的时间没有超过设定的时间，则辨别该工件是正常放置；如果触发的时间超过设定的时间，则该工件为反向放置工件。

5.2.3　电感式传感器

电感式传感器安装于实训台的检测模块中，用于辨别工件的材质，即金属与非金属。

电感式接近传感器是一种利用涡流感知物体接近的接近开关，它由高频振荡电路、检波电路、放大电路、整形电路及输出电路组成。感知敏感元件为检测线圈，它是振荡电路的一个组成部分，在检测线圈的工作面上存在一个交变磁场。当金属物体接近检测线圈时，金属物体就会产生涡流而吸收振荡能量，使振荡减弱直到停振。振荡与停振这两种状态经检测电路转换成开关信号输出。电感式传感器的工作原理如图5-6所示。

电感式传感器灵敏度可以通过旋转该传感器的灵敏度电位器调节。

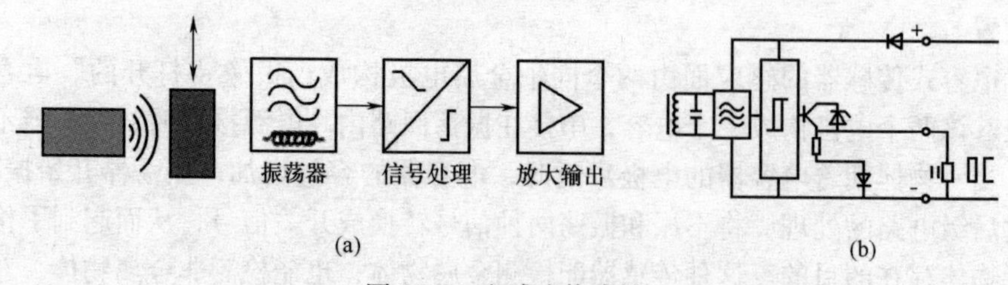

(a)　　(b)

图5-6　电感式传感器

（a）电感式传感器工作原理　（b）电感式传感器内部接线图

5.2.4　光电式传感器

光电式传感器安装于实训台的检测模块以及传送带末端，分别用于辨别工件颜色即黑色或白色，以及检测工件是否到达传送带末端。

光电式传感器是通过光强度的变化转换成电信号的变化来实现检测的。光电传感器在一般情况下由发射器、接收器和检测电路三部分构成。发射器对准备物体发射光束，发射的光束一般来源于二极管和激光二极管等半导体光源，光束不间断地发射，或者改变脉冲宽度；接收器由光电二极管或光电三极管组成，用于接收发射器发出的光线；检测电路用于滤出有效信号和应用该信号。常用的光电传感器又分为漫射式、反射式、对射式等几种。

本实训台采用的是漫射式光电传感器，该传感器集发射器与接收器于一体。在前方无物体时，发射器发出的光不会被接收器所接收；当前方有物体时，接收器就能接收到物体反射回来的部分光线，通过检测电路产生开关量的电信输出。

由于黑色与白色工件反射光的强度不同，当传感器灵敏度较低时，只有白色工件的反射光能被检测到，以此分辨出黑色与白色工件；而传送带末端传感器则需设定较高的灵敏度，以便检测到所有工件。

5.2.5　磁性开关

在本实训台中，磁性开关安装于各个汽缸的前或后工作位置，用于检测汽缸的活塞位置。

磁性开关是流体传动系统中所特有的。磁性开关可以直接装在汽缸缸体上，当带有磁环的活塞移动到磁性开关所在位置时，磁性开关内的两个金属簧片在磁环磁场的作用下吸合，发出信号；当活塞移开，舌簧开关离开磁场，触点自动断开，信号切断。通过这种方式可以很方便的实现对汽缸活塞位置的检测（见图5－7）。

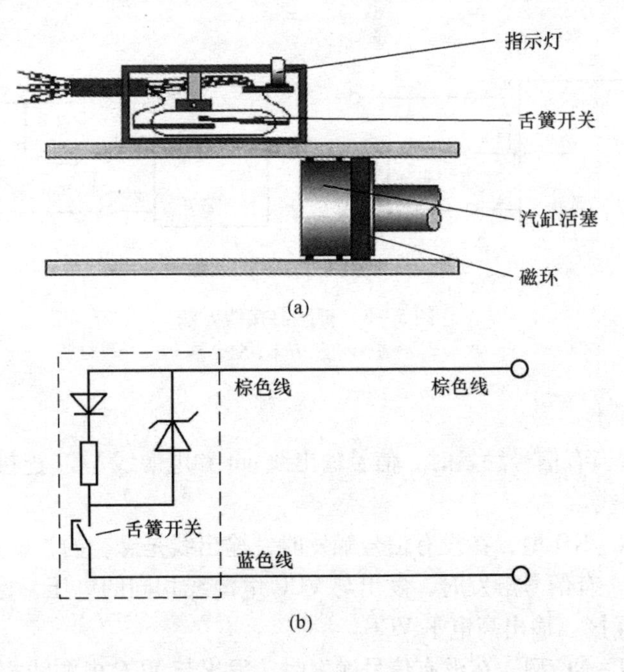

图5－7　磁性开关

（a）磁性开关的工作原理　（b）磁性开关的内部电路

5.3 传感器的接线与调整

5.3.1 传感器的接线

实训台上所用的传感器传递的是开关信号，相当于接通一个开关。传感器可分为 NPN 型与 PNP 型两种类型。PNP 与 NPN 型传感器其实就是利用三极管的饱和与截止，输出两种状态，属于开关型传感器。但输出信号（提供：信号转发器产品）是截然相反的，即高电平和低电平。PNP 输出是低电平 0，NPN 输出的是高电平 1。

PNP 与 NPN 型传感器（开关型）分为六类：

①NPN - NO（常开型）；

②NPN - NC（常闭型）；

③NPN - NC + NO（常开、常闭共有型）；

④PNP - NO（常开型）；

⑤PNP - NC（常闭型）；

⑥PNP - NC + NO（常开、常闭共有型）；

PNP 与 NPN 型传感器一般有三条引出线，即电源（提供产品：报警主机电源）线 VCC、0V 线，out 信号输出线。控制器与 PNP、NPN 传感器接线方法如图 5 - 8 所示。

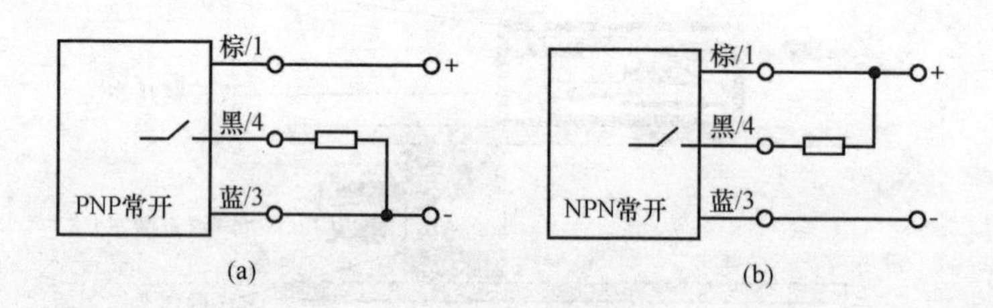

图 5 - 8　传感器接线方法

（a）PNP 型　（b）NPN 型

（1）NPN 类

NPN 是指当有信号触发时，信号输出线 out 和电源线 VCC 连接，相当于输出高电平的电源线。

对于 NPN - NO 型，在没有信号触发时，输出线是悬空的，就是 VCC 电源线和 out 线断开。有信号触发时，发出与 VCC 电源线相同的电压，也就是 out 线和电源线 VCC 连接，输出高电平 VCC。

对于 NPN - NC 型，在没有信号触发时，发出与 VCC 电源线相同的电压，也就是out线和电源线VCC连接，输出高电平VCC。当有信号触发后，输出线是悬空的，就是VCC电源线和out线断开。

对于NPN－NC＋NO型，其实就是多出一个输出线out，根据需要取舍。

（2）PNP类

PNP是指当有信号触发时，信号输出线out和0V线连接，相当于输出低电平0V。

对于PNP－NO型，在没有信号触发时，输出线是悬空的，就是0V线和out线断开。有信号触发时，发出与0V相同的电压，也就是out线和0V线连接，输出低电平0V。

对于PNP－NC型，在没有信号触发时，发出与0V线相同的电压，也就是out线和0V线连接，输出低电平0V；当有信号触发后，输出线是悬空的，就是0V线和out线断开。

对于NPN－NC＋NO型，其实就是多出一个输出线out，根据需要取舍。

5.3.2　传感器的调整

传感器的调整包括安装位置与距离的调整。比如汽缸上的磁性开关，要把它定位在汽缸的两头活塞停留的地方。

还有灵敏度的调整。如我们实训台上的漫反射型光电传感器（型号：E3F－DS30C4），检测距离为30cm，在30cm内是可调的。检测物体是不透明体，调试的地方在传感器末端出线的地方有个小螺丝，用小起子轻轻扭动，即可实现距离远近调试功能。如图5－9所示。

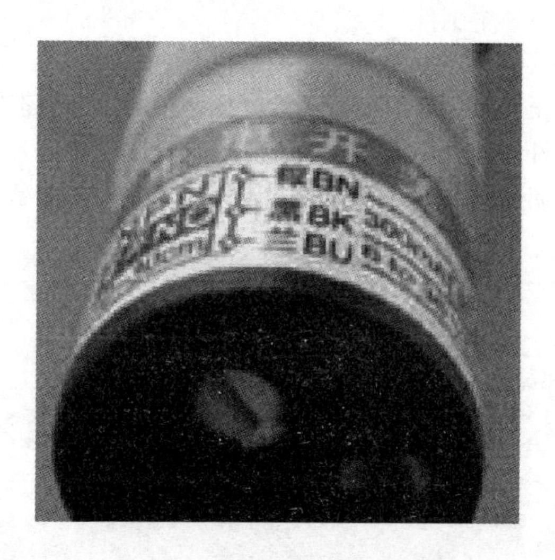

图5－9　传感器灵敏度的调整

5.4 传感器实训练习

（1）检测原点位置

检测以下元件是否处于要求的原点位置，如果是，则红绿灯（Y4、Y5）一起亮：

送料汽缸处于后限位（ ），推料汽缸处于回缩状态（ ），龙门机械手回缩（ ），并处于皮带后端的上方（ ）。

（2）送料

编写以下动作的程序：按启动按钮（X3），光纤传感器检测到有工件（X27），0.5s后推出工件（Y27）。如果料仓里面还有工件，则不间断地推出，间隔时间为2s。动作不断循环，直到按下停止按钮（X4）。

（3）分拣

按启动，皮带正转（Y0、Y3），开始分拣。按停止，皮带停转。

①分材质：手动放件，工件经过分拣区，到达皮带后端传感器，指示灯指示分检结果，金属亮红灯，塑料亮绿灯。直到手动拿下工件，放上下一个工件。

②分颜色：手动放件，工件经过分拣区，到达皮带后端传感器，指示灯指示分检结果，黑色亮红灯，银色和白色亮绿灯。直到手动拿下工件，放上下一个工件。

③总分拣：手动放件，工件经过分拣区，到达皮带后端传感器，指示灯指示分检结果，黑色金属亮红灯，银色金属亮绿灯，白色塑料红绿灯一起闪。直到手动拿下工件，放上下一个工件。

（4）分辨工件姿势

按启动，皮带正转（Y0、Y3），开始分拣。按停止，皮带停转。

手动放件，工件经过分辨区（ ），到达皮带后端传感器（ ），指示灯指示分检结果，开口向上亮红灯，开口向下亮绿灯。直到手动拿下工件，放上下一个工件。

第6章　气动控制技术

气压传动是继机械、电气、液压传动之后，近几十年才被广泛应用的一种传动方式。其工作原理是利用空气压缩机将电动机或其他原动机输出的机械能转变为空气的压力能，然后在控制元件的控制和辅助元件的配合下，通过执行元件把空气的压力能转变为机械能，从而完成直线或回转运动并对外做功，如图6-1所示。

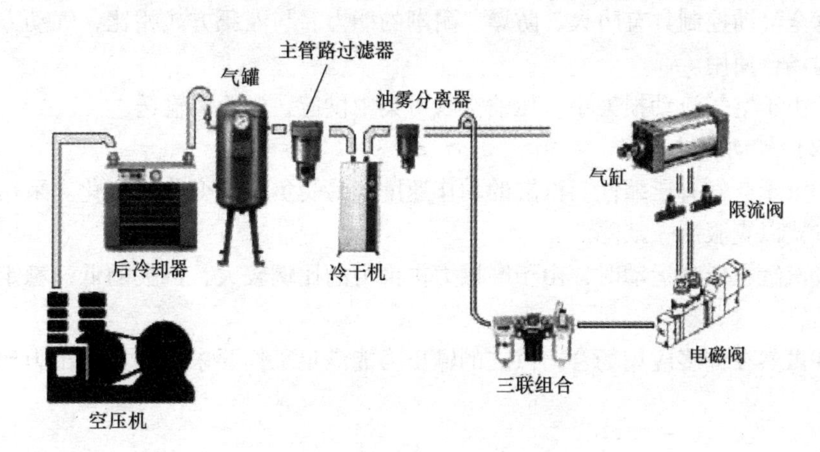

图6-1　气压传动系统

6.1　气动控制概述

6.1.1　定义

“气动技术”或者“气压传动与控制”简称气动（pneumatic），是指以压缩空气为工作介质来传递动力和控制信号，控制和驱动各种机械和设备，以实现生产过程机械化、自动化的一门技术。气动技术已发展成为实现生产过程自动化的一个重要手段。

应用现状：汽车制造行业，电子、半导体制造行业，生产自动化的实现，包装自动化的实现。

6.1.2　气动技术的特点

（1）气动的优点

①气动装置结构简单、轻便，安装维护简单。压力等级低，故使用安全。

②工作介质是取之不尽、用之不竭的空气，空气本身不花钱。排气处理简单，不污染环境，成本低。

③输出力及工作速度的调节非常方便。汽缸动作速度一般为 50～500m/s，比液压和电气方式的动作速度快。

④可靠性高，使用寿命长。电器元件的有效动作次数为数百万次，而 SMC 的一般电磁阀的寿命大于 3000 万次，小型阀超过 2 亿次。

⑤利用空气的可压缩性，可贮存能量，实现集中供气。可以短时间释放能量，以获得间歇运动中的高速响应。可以实现缓冲，对冲击负载和过负载有较强的适应能力。在一定条件下，可使启动装置有自保持能力。

⑥全气动控制具有防火、防爆、耐潮的能力。与液压方式相比，气动方式可在高温场合使用。

⑦由于空气流动损失小，压缩空气可集中供应，远距离输送。

（2）气动的缺点

①由于空气有压缩性，汽缸的动作速度容易受负载的变化而变化。采用气液联动方式以克服这一缺陷。

②汽缸在低速运动时，由于摩擦力占推力的比例较大，汽缸的低速稳定性不如液压缸。

③虽然在许多应用场合，汽缸的输出力能满足工作要求，但其输出力比液压缸小。

6.2 气动系统的组成

气压传动系统主要由气源装置、执行元件、控制元件、辅助元件四个部分组成。

（1）气源装置：将原动机输出的机械能转变为空气的压力能。主要设备是空气压缩机。

（2）控制元件：用来控制压缩空气的压力、流量和流动方向，以保证执行元件具有一定的输出力和速度，并按设计的程序正常工作。如压力阀、流量阀、方向阀等。

（3）执行元件：是将空气的压力能转变为机械能的能量转换装置。如气缸和马达。

（4）辅助元件：用于辅助保证气动系统正常工作的一些装置。如干燥器、空气过滤器、消声器和油雾器等。

气压传动与机械、电气、液压传动相比，具有以下优点：

①空气介质取排容易，处理方便，清洁环保；

②安全、可靠，没有防爆的问题，并且便于实现过载自动保护；

③成本低，寿命长，维护简单，不存在介质变质、补充、更换等问题。

下面以考证台上的气动元器件为例，介绍气动系统的组成。

6.2.1　气动执行元件—汽缸

汽缸分类：按功能、尺寸、安装方式、缓冲方式、润滑方式、位置检测方式、驱动方式来分类。

汽缸的使用目的不同，构造是多种多样，但是使用最多的是单杆双（向）作用汽缸。

（1）单杆双（向）作用汽缸

我们所用的汽缸主要是双作用汽缸，其结构如图6－2所示。双作用汽缸活塞的往返运动是依靠压缩空气从缸内被活塞分隔的两个腔室（有杆腔、无杆腔）交替进入和排出来实现的，压缩空气可以在两个方向上做功。由于没有复位弹簧，双作用汽缸可以实现更长的有效行程和稳定的输出力。但双作用汽缸是利用压缩空气交替作用于活塞上实现伸缩运动的，由于回缩时压缩空气有效面积较小，所以产生的力要小于伸出时的。

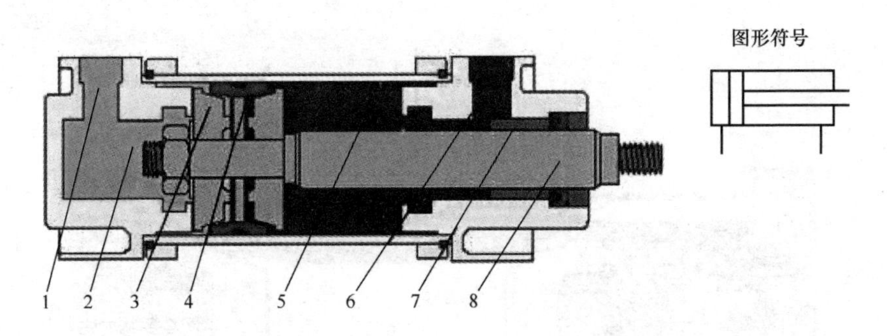

图6－2　双作用汽缸结构示意图

1—进气口　2—无杆腔　3—活塞　4—密封圈　5—有杆腔　6—排气口　7—导向环　8—活塞杆

（2）吸盘式移载机械手

除了双作用气缸，在吸盘式移载机械手上，还使用了真空发生器、磁性耦合气缸和缓冲气缸，如图6－3所示。

真空发生器是用来将工件吸起，按系统设定的时间和指定位置释放。真空发生器产生真空的原理和传统真空泵不一样，它是让压缩空气在泵体内形成高速气流，气体的流动速度越高，当地的气体压力就越低，因此就具有越强的抽吸能力，如图6－4所示。

磁性耦合汽缸活塞的运动是靠磁性耦合输出的。在活塞和套装在缸筒外的套筒上各装有一组磁铁，它们极性相反，具有很强的吸力。当活塞在气压作用下移动时，通过磁性耦合可以带动外面的套筒一起移动，如图6－5所示。

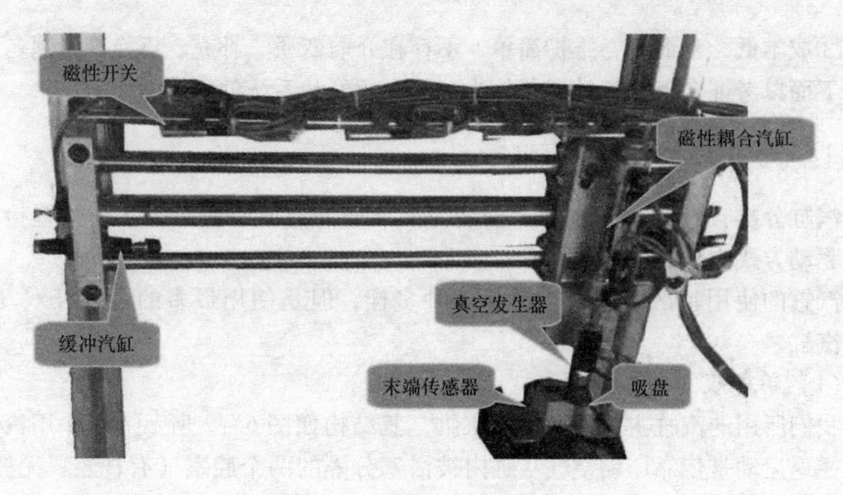

图 6－3　吸盘式移载机械手

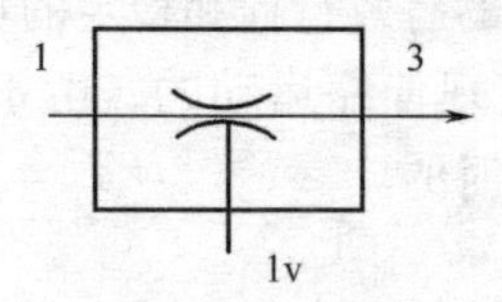

图 6－4　真空发生器

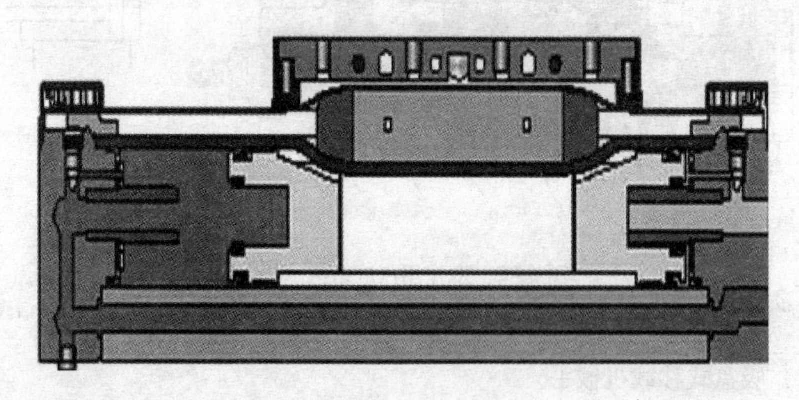

图 6－5　无杆汽缸原理图

缓冲汽缸是利用液压和弹簧装置，缓冲耦合汽缸与固定架间的碰撞。

（3）摆动汽缸

是利用压缩空汽驱动输出轴在一定角度范围内作往复回转运动的气动执行元件，用于物体的转拉、翻转、分类、夹紧、阀门的开闭以及机器人的手臂动作等。通常可分为齿轮齿条式摆动汽缸、叶片式摆动汽缸、伸摆汽缸。图 6－6 为一种齿轮齿条式摆动汽缸，通过连接在活塞上的齿条使齿轮回转摆动。由于活塞仅作往复直线运动，摩擦损失小，齿轮传动的效率较高，此摆动汽缸的效率可达到 95% 左右。

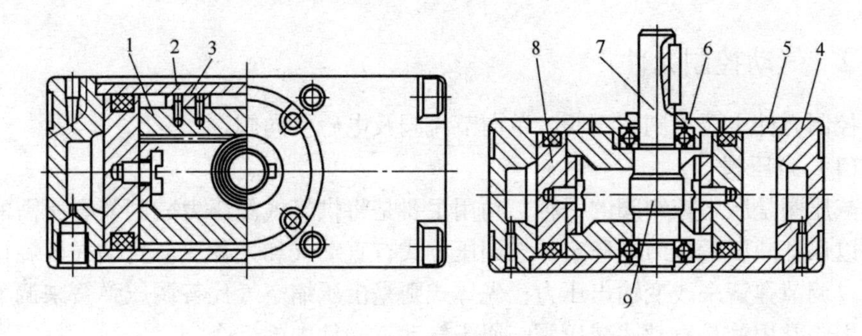

图6－6　齿轮齿条式摆动汽缸

1—齿条组件　2—弹簧柱销　3—滑块　4—端盖　5—缸体　6—轴承　7—轴　8—活塞　9—齿轮

（4）气动手爪

在自动化系统中，气动手爪常用于搬运、传送工件机构，用来抓取、拾放物体。气动手爪是一种变型汽缸，通过由汽缸活塞产生的往复直线运动带动与手爪相连的曲柄连杆、滚轮或齿轮等机构，驱动各个手爪同步做开、闭运动。其结构与外形如图6－7所示。

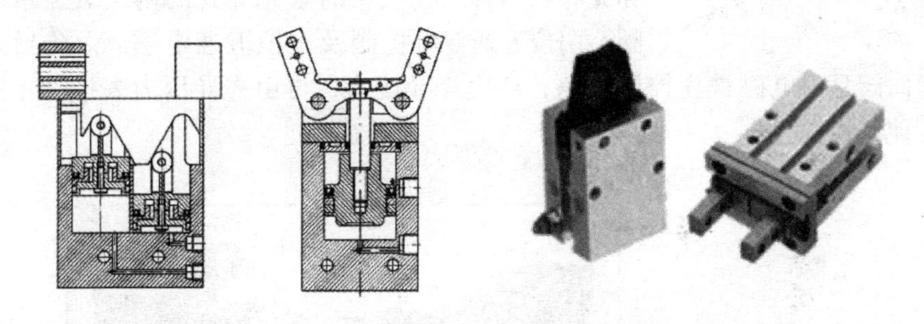

图6－7　气动手爪

（5）真空吸盘

又称真空吊具。一般来说是一种带密封唇边的，在与被吸物体接触后形成一个临时性的密封空间，通过抽走密封空间里面的空气，产生内外压力差而进行工作的一种气动元件。真空吸盘广泛应用于各种真空吸持搬送设备上，执行吸持薄而轻物品的任务。图6－8为真空吸盘的结构与实物图。

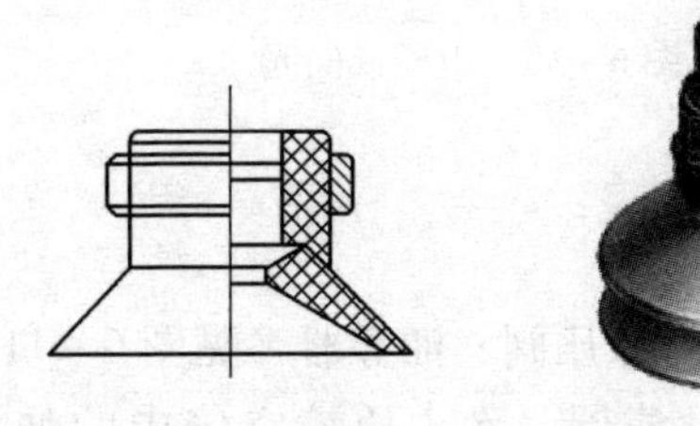

图6－8　真空吸盘

6.2.2 气动控制元件

控制元件主要用到减压阀、单向节流阀及电磁换向阀。

（1）减压阀

减压阀是压力控制阀的一种，功用主要是将供气气源压力减到装置所需的压力，以保证减压后压力值稳定。按调压方式有直动式和先导式。直动式由旋钮直接通过调节弹簧来改变输出压力；先导式则是由压缩空气代替调压弹簧来调节输出压力。常用的是直动式减压阀，属于气动三联件中的一个。

图6-9 单向节流阀

（2）单向节流阀

节流阀是通过改变局部阻力的大小来控制流量的大小，流量控制阀的一种。单向节流阀是单向阀和节流阀并联而成的组合体，如图6-9所示。

（3）电磁换向阀

电磁换向阀是利用电磁力的作用来实现阀的切换以控制气流的流动方向，如图6-10所示。有直动式和先导式两种。我们用的是先导式的两位五通单电控阀、两位五通双电控阀及三位五通电磁阀。先导式电磁换向阀是由电磁铁先控制气路，产生先导压力，再由先导压力去推动主阀阀芯，使其换向。

图6-10 电磁换向阀

6.2.3 气动辅助元件

气动三联件：分水滤气器、减压阀、油雾器（见图6-11）。

（1）分水滤气器，二次过滤器，除去压缩空气中的油污、水分和灰尘等杂质。

(2) 减压阀，将供气源压力减到每台装置所需要的压力，并保证减压后压力值稳定。分直动式和先导式。

(3) 油雾器，特殊的注油装置，可使润滑油油雾化，随气流进入到需要润滑的部件。

目前新结构的气动三联件插装在同一支架上，形成无管化连接，一般都装在设备进气口前面。

图6-11　气动三联件

6.3　气动回路控制图

图6-12（a）为三位五通电磁阀控制无杆气缸。特点：双电控，弹簧复位。因此，两边电磁线圈都不得电时，保持在中间状态，汽缸可以实现无杆汽缸的定位。在编程控制时，一般使用 OUT 指令，想动就动，想停就停，同时应避免两边线圈同时得电。

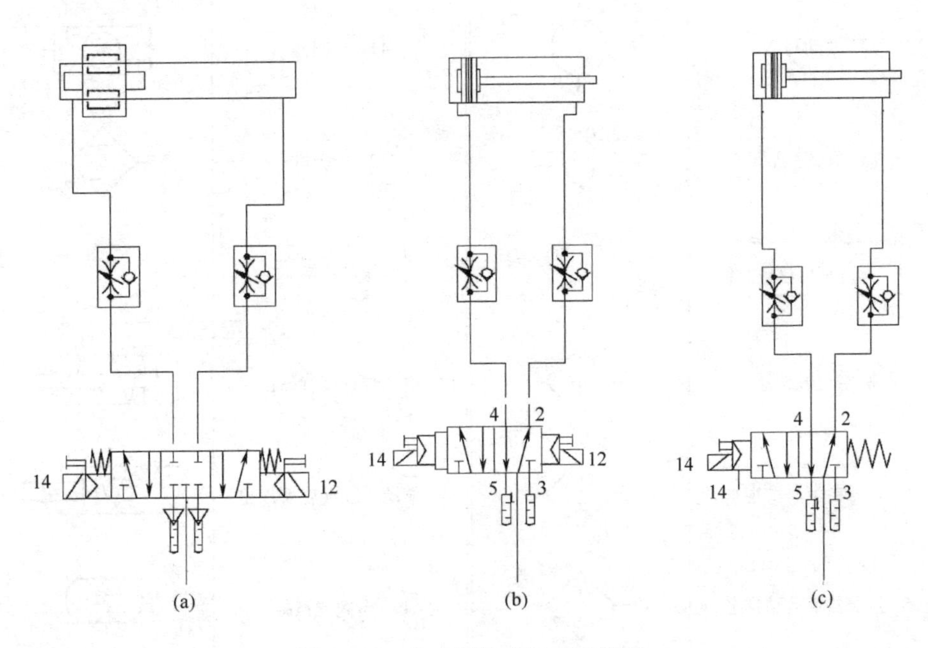

图6-12　几个简单的气动回路图

图6-12（b）为二位五通双电控电磁阀控制双作用汽缸。特点：双电控，不带弹簧复位。因此，可实现汽缸的两边动作，使用 OUT 指令即可，一边线圈得电后，汽缸即动作到底，即使动作中间线圈失电也是如此。如使用 SET 指令使线圈得电，则在驱动另外一边线圈的时候，应先使用 RST 指令使线圈失电。

图6－12（c）为二位五通单电控电磁阀控制双作用汽缸。特点：单电控，弹簧复位。因此，汽缸有初始状态，只要电磁阀线圈不得电，汽缸保持初始状态。当线圈得电时，汽缸动作。一旦线圈失电，汽缸马上开始恢复到初始状态。注意在编程控制汽缸动作时，保证线圈得电时间与汽缸动作时间的关系。

6.4　常用气动符号

常用气动符号

种类	符号	种类	符号
能量变换		9. 调压阀带溢流设计	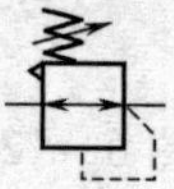
1. 压缩机	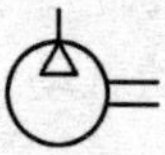	10. 油雾器	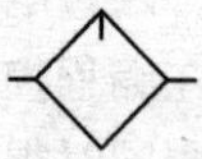
2. 气动马达		11. 空调器	
3. 旋转汽缸	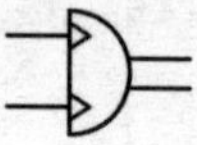	12. 干燥机	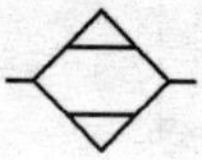
空气管道设备		能量变换	
4. 空气过滤器	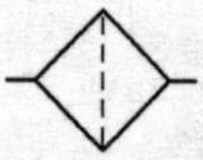	13. 单动汽缸（弹簧压回）	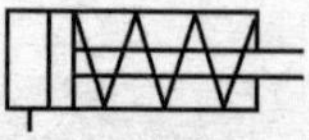
5. 过滤器带手动排水	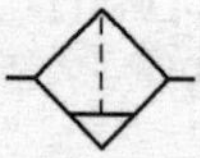	14. 单动汽缸（弹簧压出）	
6. 过滤器带自动排水	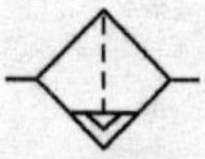	15. 折叠式汽缸	
7. 自动排水器		16. 双动汽缸	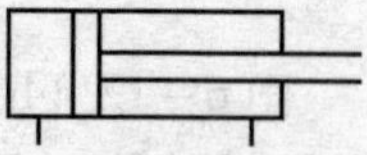
8. 调压器	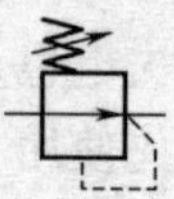	17. 带气缓冲	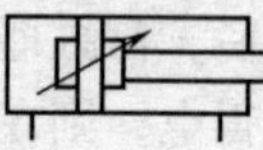

续表

种类	符号	种类	符号
18. 带磁环	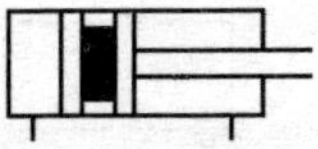	29. 五通三位（中央排气）	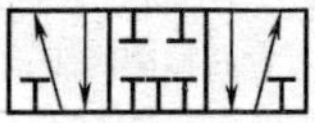
19. 不旋转活塞杆	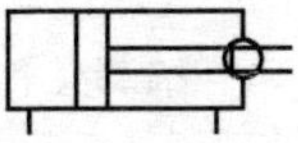	30. 五通三位（中央加压）	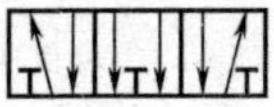
20. 双边活塞杆	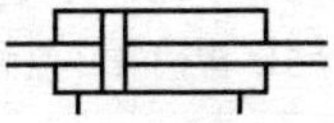	31. 五通三位（中央止回）	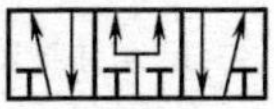
21. 机械式无杆汽缸	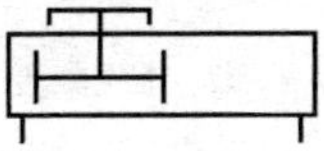	方向控制阀驱动器	
22. 磁耦式无杆汽缸	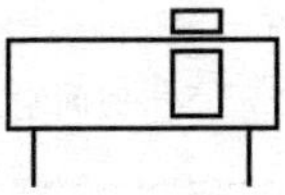	32. 手动控掣	
方向控制阀		33. 按钮	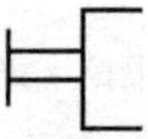
23. 二通二位	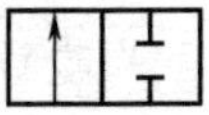	34. 肘杆	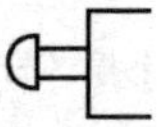
24. 三通二位（常闭型）	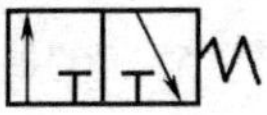	35. 脚踏	
25. 三通二位（常开型）	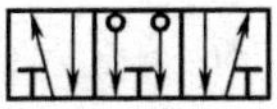	36. 机械碰掣	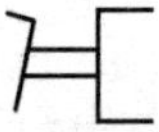
26. 四通二位		37. 滚轮	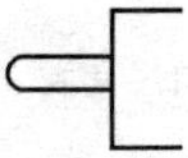
27. 五通二位	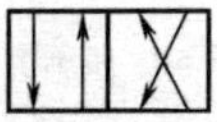	38. 单向滚轮	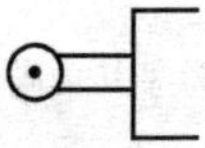
28. 五通三位（中央封闭）	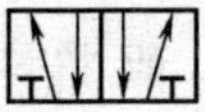	39. 弹簧	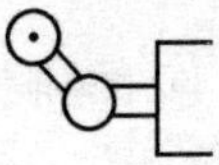

续表

种类	符号	种类	符号
方向控制阀驱动器		控制阀	
40. 气动控掣	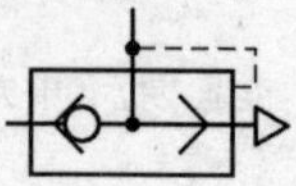	50. 限流器（单向）	
41. 负压控掣	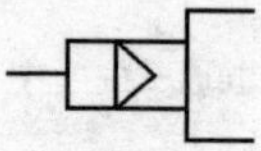	51. 限流器（双向）	
42. 内先导式回位	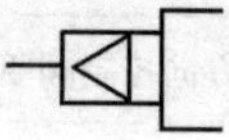	52. 排气限流	
43. 电控（直动式）	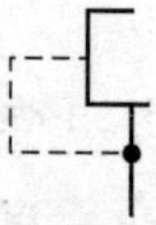	53. 时间制	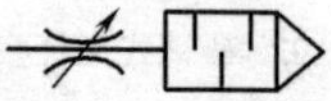
44. 电控（内先导式）	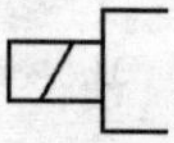	其他	
45. 电控（外先导式）	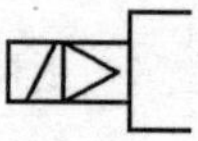	54. 贮气罐	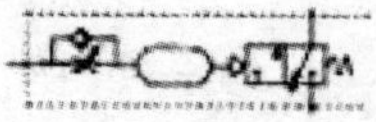
控制阀		55. 消声器	
46. 止回阀	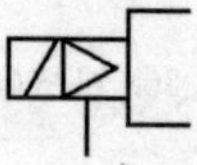	56. 真空发生器	
47. 梭阀（或）		57. 真空吸盘	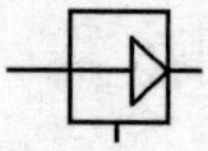
48. 双压力阀（与）	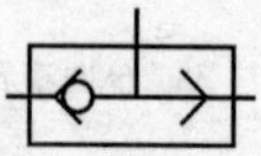	58. 压力开关	
49. 快速排气阀	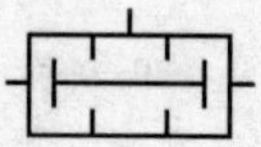	59. 增压阀	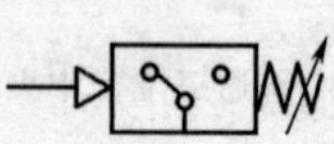

6.5　气压传动系统的常见故障与排除

故障表现		原因	排除方法
汽缸故障	汽缸出现内、外泄漏	1. 活塞杆安装偏心 2. 润滑油供应不足 3. 密封圈和密封环磨损或损坏 4. 汽缸内有杂质及活塞杆有伤痕等原因	1. 重新调整活塞杆的中心，保证活塞杆与缸筒的同轴度 2. 常检查油雾器工作是否可靠，保证执行元件润滑良好 3. 当密封圈和密封环出现磨损或损坏时，须及时更换 4. 若汽缸内存在杂质，应及时清除；活塞杆上有伤痕时，应换新的
	汽缸的输出力不足和动作不平稳	1. 活塞或活塞杆被卡住 2. 润滑不良、供气量不足 3. 缸内有冷凝水和杂质	1. 应调整活塞杆的中心 2. 检查油雾器的工作是否可靠 3. 供气管路是否被堵塞 4. 当汽缸内存有冷凝水和杂质时，应及时清除
	汽缸的缓冲效果不良	1. 缓冲密封圈磨损 2. 调节螺钉损坏所致	应更换密封圈和调节螺钉
	汽缸的活塞杆和缸盖损坏	1. 活塞杆安装偏心 2. 缓冲机构不起作用而造成	1. 应调整活塞杆的中心位置 2. 更换缓冲密封圈或调节螺钉
换向阀故障	不能换向或换向动作缓慢	1. 润滑不良、弹簧被卡住 2. 损坏、油污或杂质卡住滑动部分等原因	1. 应先检查油雾器的工作是否正常 2. 润滑油的黏度是否合适。必要时，应更换润滑油 3. 清洗换向阀的滑动部分，或更换弹簧和换向阀
	气体泄漏	1. 阀芯密封圈磨损 2. 阀杆和阀座损伤	1. 更换密封圈、阀杆和阀座 2. 将换向阀换新
	电磁先导阀有故障	1. 进、排气孔被油泥等杂物堵塞，封闭不严 2. 活动铁心被卡死，电路有故障	1. 应清洗先导阀及活动铁心上的油泥 2. 检查电路故障前，应先将换向阀的手动旋钮转动几下，看换向阀在额定的气压下是否能正常换向，若能正常换向，则是电路有故障
气辅元件故障	油雾器故障	1. 调节针的调节量小，油路堵塞 2. 管路漏气等都会使液态油滴不能雾化	1. 及时处理堵塞和漏气的地方，调整滴油量 2. 油杯底部沉积的水分，应及时排除
	自动排污器故障	自动排污器内的油污和水分有时不能自动排除	将其拆下并进行检查和清洗
	消声器故障	消声器太脏或被堵塞	经常清洗消声器

6.6 气动实训练习

（1）基础练习

调整每一个节流阀，使得汽缸动作速度合理。（一开始节流阀阀门都调到最大，或者最小，然后慢慢调整。）

（2）安装练习

调整气管安装位置，使送料缸初始状态为弹出。当用启动按钮（X3）控制输出 Y21 时，送料汽缸回缩。（完成后气管恢复，接着做下一题。）

（3）控制部分

①不管龙门机械手在什么位置，按启动按钮（X3）后，让汽缸回到中位（X14）；

②控制龙门机械手，按 X3 去 X13 位置，按 X4 去 X14 位置，按 X5 去 X15 位置；

③按启动按钮（X3），工件推出（Y21），皮带启动（Y0，Y3），工件到了推料杆前面被推走（Y20），皮带停转。

④机械手在右原位（X16），工件手动放在皮带后端（X24），机械手下降，吸住工件，上升，放下工件。（中间过程可以自行添加延时；要求用梯形图编写。）

（4）气动回路控制图练习

①掌握设备的气动控制情况；

②利用 AutoCAD 绘画出设备气动回路控制图。

第7章　电机及变频技术的应用

7.1　电机及其特性

电机，俗称“马达”，是指依据电磁感应定律实现电能的转换或传递的一种电磁装置，在电路中用字母“M”表示。它的主要作用是产生驱动转矩，作为用电器或各种机械的动力源。电机包括电动机与发电机，本章讨论的主要是电动机。

7.1.1　电机的分类

（1）按工作电源种类划分

可分为直流电机和交流电机。

直流电动机按结构及工作原理可划分为：无刷直流电动机和有刷直流电动机。

交流电机可划分为：单相电机和三相电机。

（2）按结构和工作原理划分

可分为直流电动机、异步电动机、同步电动机。

同步电机可划分为：永磁同步电动机、磁阻同步电动机和磁滞同步电动机。

异步电机可划分为：感应电动机和交流换向器电动机。

（3）按启动与运行方式划分

可分为电容启动式单相异步电动机、电容运转式单相异步电动机、电容起动运转式单相异步电动机和分相式单相异步电动机。

（4）按用途划分

可分为驱动用电动机和控制用电动机。

驱动用电动机可划分为：电动工具（包括钻孔、抛光、磨光、开槽、切割、扩孔等工具）用电动机、家电（包括洗衣机、电风扇、电冰箱、空调器、录音机、录像机、影碟机、吸尘器、照相机、电吹风、电动剃须刀等）用电动机及其他通用小型机械设备（包括各种小型机床、小型机械、医疗器械、电子仪器等）用电动机。

控制用电动机可划分为：步进电动机和伺服电动机等。

（5）按转子的结构划分

可分为笼型感应电动机（又叫鼠笼型异步电动机）和绕线转子感应电动机

（又叫绕线型异步电动机）。

（6）按运转速度划分

可分为高速电动机、低速电动机、恒速电动机、调速电动机。

7.1.2 常用的几种电机及其工作原理

7.1.2.1 直流电动机

直流电动机是将直流电能转换为机械能的转动装置。电动机定子提供磁场，直流电源向转子的绕组提供电流，换向器使转子电流与磁场产生的转矩保持方向不变。

图7-1是一个最简单的直流电动机模型。在一对静止的磁极N和S之间，装设一个可以绕$z-z'$轴而转动的圆柱形铁芯，在它上面装有矩形的线圈abcd。这个转动的部分通常叫做电枢。线圈的两端a和d分别接到叫做换向片的两个半圆形铜环1和2上。换向片1和2之间是彼此绝缘的，它们和电枢装在同一根轴上，可随电枢一起转动。A和B是两个固定不动的炭质电刷，它们和换向片之间是滑动接触的。来自直流电源的电流就是通过电刷和换向片流到电枢的线圈里。

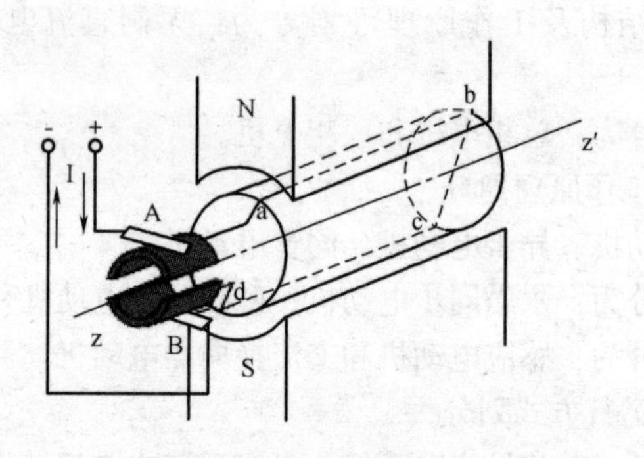

图7-1 直流电机模型

如图7-2所示，当电刷A和B分别与直流电源的正极和负极接通时，电流从电刷A流入，而从电刷B流出。这时线圈中的电流方向是从a流向b，再从c流向d。我们知道，载流导体在磁场中要受到电磁力，其方向由左手定则来决定。当电枢在图7-2（a）所示的位置时，线圈ab边的电流从a流向b，用⊕表示，cd边的电流从c流向d，用⊙表示。根据左手定则可以判断出，ab边受力的方向是从右向左，而cd边受力的方向是从左向右。这样，在电枢上就产生了反时针方向的转矩，因此电枢就将沿着反时针方向转动起来。

当电枢转到使线圈的ab边从N极下面进入S极，而cd边从S极下面进入N极时，与线圈a端连接的换向片1跟电刷B接触，而与线圈d端连接的换向片2跟电刷A接触，如图7-2（b）所示。这样，线圈内的电流方向变为从d流向c，再从b流向a，从而保持在N极下面的导体中的电流方向不变。因此转矩的方向也不改变，电枢仍然按照原来的反时针方向继续旋转。由此可以看出，换向片和电刷在直流电机中起着改换电枢线圈中电流方向的作用。

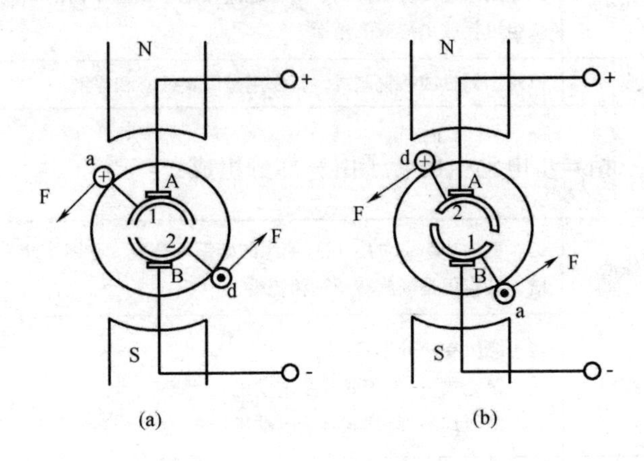

图7－2　换向器在直流电机中的应用

7.1.2.2　交流电动机

交流电动机，是将交流电的电能转变为机械能的一种机器。目前较常用的交流电动机有两种：三相异步电动机和单相交流电动机。第一种多用在工业上，而第二种多用在民用电器上。

（1）三相异步电动机的构造

三相异步电动机的两个基本组成部分为定子（固定部分）和转子（旋转部分），此外还有端盖、风扇等附属部分，如图7－3所示。

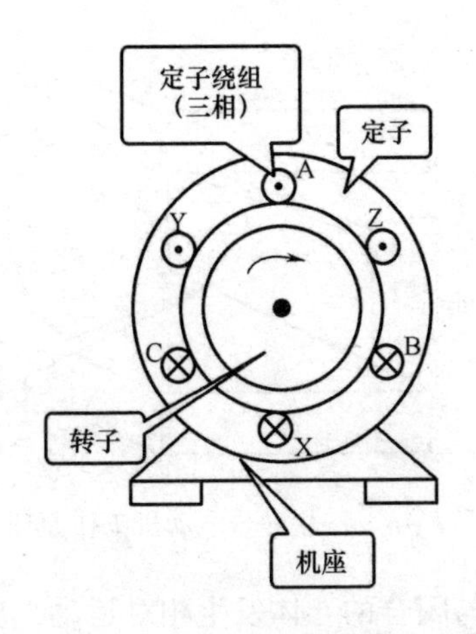

图7－3　三相异步电动机的结构示意图

1）定子　三相异步电动机的定子由三部分组成：

定子	定子铁心	由厚度为0.5mm的、相互绝缘的硅钢片叠成，硅钢片内圆上有均匀分布的槽，其作用是嵌放定子三相绕组AX、BY、CZ
	定子绕组	三组用漆包线绕制好的、对称地嵌入定子铁心槽内的相同的线圈。这三相绕组可接成星形或三角形
	机座	机座用铸铁或铸钢制成，其作用是固定铁心和绕组

2）转子　三相异步电动机的转子由三部分组成：

转子	转子铁心	由厚度为0.5mm的、相互绝缘的硅钢片叠成，硅钢片外圆上有均匀分布的槽，其作用是嵌放转子三相绕组
	转子绕组	转子绕组有两种形式： 鼠笼式 — 鼠笼式异步电动机 绕线式 — 绕线式异步电动机
	转轴	转轴上加机械负载

鼠笼式电动机由于构造简单、价格低廉、工作可靠、使用方便，成为生产上应用得最广泛的一种电动机。

为了保证转子能够自由旋转，在定子与转子之间必须留有一定的空气隙，中小型电动机的空气隙约在0.2～1.0mm之间。

（2）三相异步电动机的转动原理

1）基本原理　三相异步电动机的工作原理，如图7－4所示。

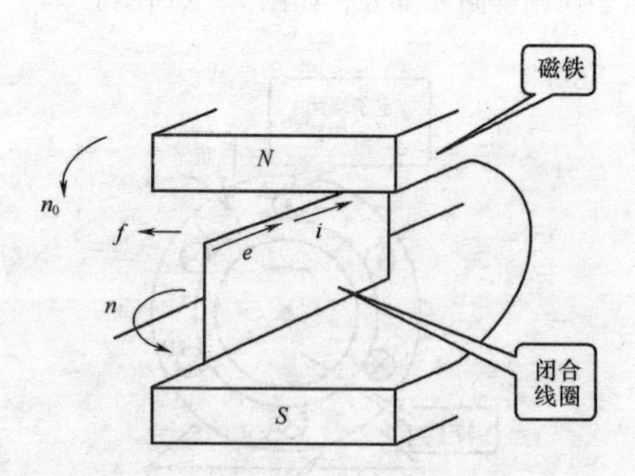

图7－4　三相异步电动机工作原理

当磁铁旋转时，磁铁与闭合的导体发生相对运动，鼠笼式导体切割磁力线而在其内部产生感应电动势和感应电流，感应电流又使导体受到一个电磁力的作用，于是导体就沿磁铁的旋转方向转动起来，这就是异步电动机的基本原理。转子转动的方向和磁极旋转的方向相同。

2）旋转磁场产生　图 7－5 表示最简单的三相定子绕组 AX、BY、CZ，它们在空间按互差 120°的规律对称排列。并接成星形与三相电源 U、V、W 相连。则三相定子绕组便通过三相对称电流，随着电流在定子绕组中通过，在三相定子绕组中就会产生旋转磁场。

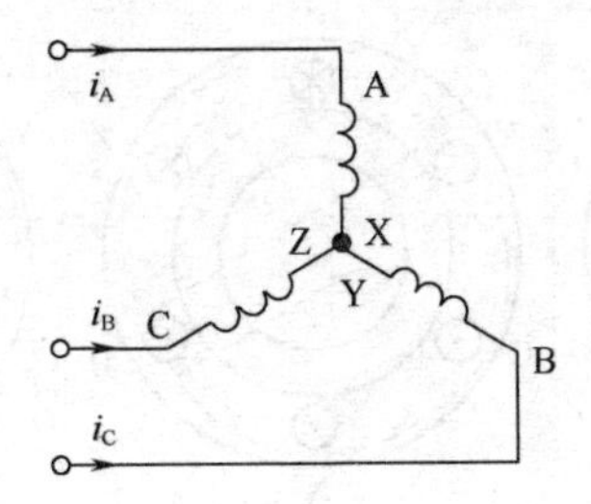

图 7－5　三相异步电动机定子接线

根据电流公式：

$$i_U = \mathrm{Im}Sin\omega t \tag{7-1a}$$

$$i_V = \mathrm{Im}Sin\ (\omega t - 120°) \tag{7-1b}$$

$$i_W = \mathrm{Im}Sin\ (\omega t + 120°) \tag{7-1c}$$

由式 7－1 可知，当 $\omega t = 0°$时，$i_A = 0$，AX 绕组中无电流；i_B为负，BY 绕组中的电流从 Y 流入 B 流出；i_C为正，CZ 绕组中的电流从 C 流入 Z 流出；由右手螺旋定则可得合成磁场的方向如图 7－6（a）所示。

当 $\omega t = 120°$时，$i_B = 0$，BY 绕组中无电流；i_A为正，AX 绕组中的电流从 A 流入 X 流出；i_C为负，CZ 绕组中的电流从 Z 流入 C 流出；由右手螺旋定则可得合成磁场的方向如图 7－6（b）所示。

当 $\omega t = 240°$时，$i_C = 0$，CZ 绕组中无电流；i_A为负，AX 绕组中的电流从 X 流入 A 流出；i_B为正，BY 绕组中的电流从 B 流入 Y 流出；由右手螺旋定则可得合成磁场的方向如图 7－6（c）所示。

可见，当定子绕组中的电流变化一个周期时，合成磁场也按电流的相序方向在空间旋转一周。随着定子绕组中的三相电流不断地作周期性变化，产生的合成磁场也不断地旋转，因此称为旋转磁场。

旋转磁场的方向是由三相绕组中电流相序决定的，若想改变旋转磁场的方向，只要改变通入定子绕组的电流相序，即将三根电源线中的任意两根对调即可。这时，转子的旋转方向也跟着改变。

（3）三相异步电动机的极数与转速

1）极数（磁极对数 p）　三相异步电动机的极数就是旋转磁场的极数。旋转磁场的极数和三相绕组的安排有关。

当每相绕组只有一个线圈，绕组的始端之间相差 120°空间角时，产生的旋转

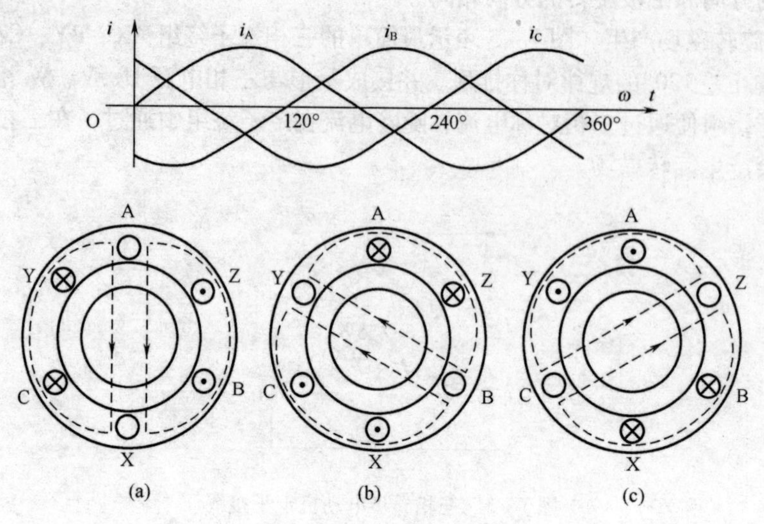

图7－6　旋转磁场的形成

（a）$\omega t=0°$　（b）$\omega t=120°$　（c）$\omega t=240°$

磁场具有一对极，即 $p=1$。

当每相绕组为两个线圈串联，绕组的始端之间相差60°空间角时，产生的旋转磁场具有两对极，即 $p=2$。

同理，如果要产生三对极，即 $p=3$ 的旋转磁场，则每相绕组必须有均匀安排在空间的串联的三个线圈，绕组的始端之间相差40°（$120°/p$）空间角。极数 p 与绕组的始端之间的空间角 θ 的关系为：

$$\theta=120°/p_0 \tag{7-2}$$

2）转速 n　三相异步电动机旋转磁场的转速 n_0 与电动机磁极对数 p 有关，它们的关系是：

$$n_0=\frac{60f_1}{p} \tag{7-3}$$

由（7－3）可知，旋转磁场的转速 n_0 决定于电流频率 f_1 和磁场的极数 p。对某一异步电动机而言，f_1 和 p 通常是一定的，所以磁场转速 n_0 是个常数。

在我国，工频 $f_1=50\text{Hz}$，因此对应于不同极对数 p 的旋转磁场转速 n_0，见表7－1：

表7－1　　极数与转数对应表

p	1	2	3	4	5	6
n_0	3000	1500	1000	750	600	500

3）转差率 s　电动机转子转动方向与磁场旋转的方向相同，但转子的转速 n 不可能达到与旋转磁场的转速 n_0 相等，否则转子与旋转磁场之间就没有相对运

动，因而磁力线就不切割转子导体，转子电动势、转子电流以及转矩也就都不存在。也就是说，旋转磁场与转子之间存在转速差，因此我们把这种电动机称为异步电动机，又因为这种电动机的转动原理是建立在电磁感应基础上的，故又称为感应电动机。

旋转磁场的转速 n_0 常称为同步转速。

转差率 s——用来表示转子转速 n 与磁场转速 n_0 相差程度的物理量。即：

$$s=\frac{n_0-n}{n_0}=\frac{\Delta n}{n_0} \tag{7-4}$$

转差率是异步电动机一个重要的物理量。

当旋转磁场以同步转速 n_0 开始旋转时，转子则因机械惯性尚未转动，转子的瞬间转速 $n=0$，这时转差率 $s=1$。转子转动起来之后，$n>0$，(n_0-n) 差值减小，电动机的转差率 $S<1$。如果转轴上的阻转矩加大，则转子转速 n 降低，即异步程度加大，才能产生足够大的感受电动势和电流，产生足够大的电磁转矩，这时的转差率 s 增大；反之，s 减小。异步电动机运行时，转速与同步转速一般很接近，转差率很小，在额定工作状态下约为0.015～0.06之间。

根据式（7-4），可以得到电动机的转速常用公式：

$$n=(1-s)\,n_0 \tag{7-5}$$

例　有一台三相异步电动机，其额定转速 $n=975\text{r/min}$，电源频率 $f=50\text{Hz}$，求电动机的极数和额定负载时的转差率 s。

解：由于电动机的额定转速接近而略小于同步转速，而同步转速对应于不同的极对数有一系列固定的数值。显然，与975r/min最相近的同步转速 $n_0=1000\text{r/min}$，与此相应的磁极对数 $p=3$。因此，额定负载时的转差率为

$$s=\frac{n_0-n}{n_0}\times100\%=\frac{1000-975}{1000}\times100\%=2.5\%$$

（4）三相异步电动机的定子电路与转子电路

三相异步电动机中的电磁关系同变压器类似，定子绕组相当于变压器的原绕组，转子绕组（一般是短接的）相当于副绕组。给定子绕组接上三相电源电压，则定子中就有三相电流通过，此三相电流产生旋转磁场，其磁力线通过定子和转子铁心而闭合，这个磁场在转子和定子的每相绕组中都要感应出电动势。

7.1.2.3　步进电机

步进电机是将电脉冲信号转变为角位移或线位移的开环控制元件。

步进电动机的输入量是脉冲序列，输出量则为相应的增量位移或步进运动。正常运动情况下，它每转一周具有固定的步数；做连续步进运动时，其旋转转速与输入脉冲的频率保持严格的对应关系，不受电压波动和负载变化的影响。由于步进电动机能直接接受数字量的控制，所以特别适宜采用PLC或微机进行控制。

步进电机的工作原理

图7-7是最常见的三相反应式步进电动机的剖面示意图。电机的定子上有6

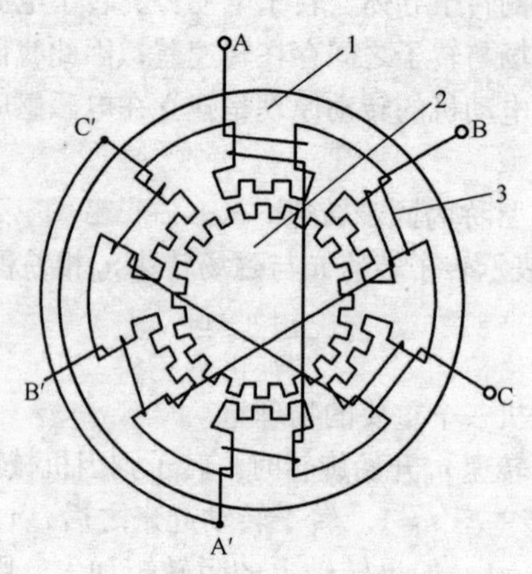

图7－7　三相反应式步进电动机的结构示意图

1—定子　2—转子　3—定子绕组

个均布的磁极，其夹角是60°。各磁极上套有线圈，按图连成A、B、C三相绕组。转子上均布40个小齿，所以每个齿的齿距为θE＝360°/40＝0°，而定子每个磁极的极弧上也有5个小齿，且定子和转子的齿距和齿宽均相同。由于定子和转子的小齿数目分别是30和40，其比值是一分数，这就产生了所谓的齿错位的情况。若以A相磁极小齿和转子的小齿对齐，如图，那么B相和C相磁极的齿就会分别和转子齿相错三分之一的齿距，即3°。因此，B、C极下的磁阻比A磁极下的磁阻大。若给B相通电，B相绕组产生定子磁场，其磁力线穿越B相磁极，并力图按磁阻最小的路径闭合，这就使转子受到反应转矩（磁阻转矩）的作用而转动，直到B磁极上的齿与转子齿对齐，恰好转子转过3°；此时A、C磁极下的齿又分别与转子齿错开三分之一齿距。接着停止对B相绕组通电，而改为C相绕组通电，同理受反应转矩的作用，转子按顺时针方向再转过3°。以此类推，当三相绕组按A→B→C→A顺序循环通电时，转子会按顺时针方向，以每个通电脉冲转动3°的规律步进式转动起来。若改变通电顺序，按A→C→B→A顺序循环通电，则转子就按逆时针方向以每个通电脉冲转动3°的规律转动。因为每一瞬间只有一相绕组通电，并且按三种通电状态循环通电，故称为单三拍运行方式。单三拍运行时的步矩角θ_b为30°。

三相步进电动机还有两种通电方式，它们分别是双三拍运行，即按AB→BC→CA→AB顺序循环通电的方式；以及单、双六拍运行，即按A→AB→B→BC→C→CA→A顺序循环通电的方式。六拍运行时的步矩角将减小一半。

反应式步进电动机的步距角可按下式计算：

$$\theta=\frac{360°}{NEr} \tag{7-6}$$

式中　Er——转子齿数；

N——运行拍数，$N=km$，m为步进电动机的绕组相数，$k=1$或2

7.1.2.4 伺服电机

伺服电机又称执行电动机，在自动控制系统中，用作执行元件，把所收到的电信号转换成电动机轴上的角位移或角速度输出。其主要特点是，当信号电压为零时无自转现象，转速随着转矩的增加而匀速下降。

伺服电机是一个典型闭环反馈系统，减速齿轮组由电机驱动，其终端（输出端）带动一个线性的比例电位器作位置检测，该电位器把转角坐标转换为一比例电压反馈给控制线路板，控制线路板将其与输入的控制脉冲信号比较，产生纠正脉冲，并驱动电机正向或反向地转动，使齿轮组的输出位置与期望值相符，令纠正脉冲趋于为0，从而达到使伺服电机精确定位的目的。

伺服电机内部的转子是永磁铁，驱动器控制的U/V/W三相电形成电磁场，转子在此磁场的作用下转动，同时电机自带的编码器反馈信号给驱动器，驱动器根据反馈值与目标值进行比较，调整转子转动的角度。伺服电机的精度决定于编码器的精度（线数）。

7.2 变频器概述

变频器是利用电力半导体器件的通断作用将工频电源变换为另一频率的电能控制装置，能实现对交流异步电机的软启动、变频调速、提高运转精度、改变功率因素、过流/过压/过载保护等功能。

三菱变频器全称为“三菱交流变频调速器”，主要用于三相异步交流电机，用于控制和调节电机速度。当电机的工作电流频率低于50Hz的时候，会节省电能，因此变频器是国家号召提倡推广的节能产品之一。

由于电力电子技术的不断发展和进步，新的控制理论提出与完善，使交流调速传动、尤其是采用性能优异的三菱变频调速传动得到了飞速发展，因此在实际工作中采用三菱变频器+变频电机的情况越来越多，因此如何正确选择三菱变频器对机械设备的正常调试运行至关重要。那么如何选择变频器呢？下面就简单说几点：

（1）根据机械设备的负载转矩特性来选择三菱变频器

在实践中常常将机械设备根据负载转矩特性不同，分为如下三类：

①恒转矩负载；

②恒功率负载；

③流体类负载。

（2）根据负载特性选取适当控制方式的三菱变频器

三菱变频器的控制方式主要分为：V/f控制，包括开环和闭环；矢量控制，包括无速度传感器和带速度传感器控制；直接转矩控制。三种方式的优缺点如下：

1）V/f开环控制

优点：结构简单，调节容易，可用于通用鼠笼型异步电机。

缺点：低速力矩难保证，不能采用力矩控制，调速范围小。

主要采用场合：一般的风机，泵类节能调速或一台变频器带多台电机传动场合。

2）V/f 闭环控制

优点：结构简单，调速精度比较高，可用于通用性异步电机。

缺点：低速力矩难保证，不能采用力矩控制，调速范围小，要增加速度传感器。

主要采用场合：用于保持压力，温度，流量，PH 定值等过程场合。

3）无速度传感器的矢量控制

优点：不需要速度传感器，力矩响应好、结构简单，速度控制范围较广。

缺点：需要设定电机参数，须有自动测试功能。

采用场合：一般工业设备，大多数调速场合。

4）带有速度传感器的矢量控制

优点：力矩控制性能良好，力矩响应好，调速精度高，速度控制范围大。

缺点：需要正确设定电机参数，需要自动测试功能，要高精度速度传感器。

使用场合：要求精确控制力矩和速度的高动态性能应用场合。

5）直接转矩控制

优点：不需要速度传感器，力矩响应好，结构较简单，速度控制范围较大。

缺点：需要设定电机参数，须有自动测试功能。

采用场合：要求精确控制力矩的高动态性能应用场合，如起重机、电梯、轧机等。

7.3　三菱 D700 变频器的接线端口及作用

变频器的型号很多，这里以 D700 系列的变频器进行讲解。图 7－8 为 D700 变频器的整体外观。

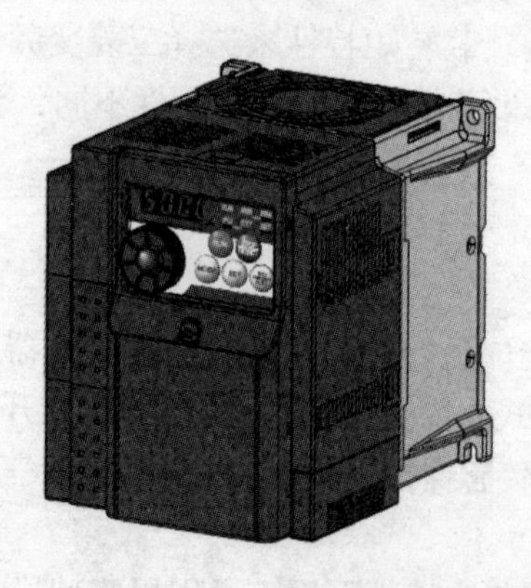

图 7－8　D700 变频器整体外观

7.3.1　变频器原理以及工作过程

变频器是利用电力半导体器件的通断作用，把电压、频率固定不变的交流电变成电压、频率都可调的交流电源。现在使用的变频器主要采用交—直—交方式（VVVF变频或矢量控制变频，如图7－9所示），先把工频交流电源通过整流器转换成直流电源，然后再把直流电源转换成频率、电压均可控制的交流电源以供给电动机。

变频器主要由整流（交流变直流）、滤波、再次整流（直流变交流）、制动单元、驱动单元、检测单元、微处理单元等组成。

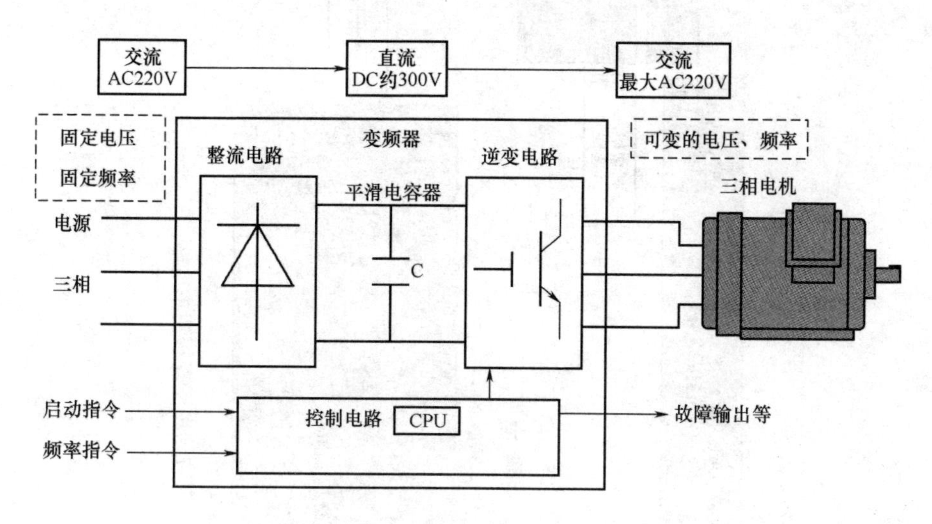

图7－9　变频器工作原理

7.3.2　部分接线口及作用

（1）主电路

如图7－10所示，是变频器上的主电路图，主要是对变频器上电，连接制动单元，并连接电机。实际接线如图7－11所示。

（2）控制电路

如图7－12所示，是变频器的控制电路，图7－13是控制端口的实物图。其中控制输入信号与继电器输出端子都是开关量，可以分别连接PLC的输出端与输入端，如表7－2所示。

操作举例：

①如表7－2所示，为PLC与变频器的接线（此处为举例说明，实际接线情况请同学们自行检查），若要电机转动则需要确定转动方向及速度。例如当要求电机高速正转时，则要将Y0、Y2置ON；当要求电机中速反转时，则要将Y1、Y3置ON。

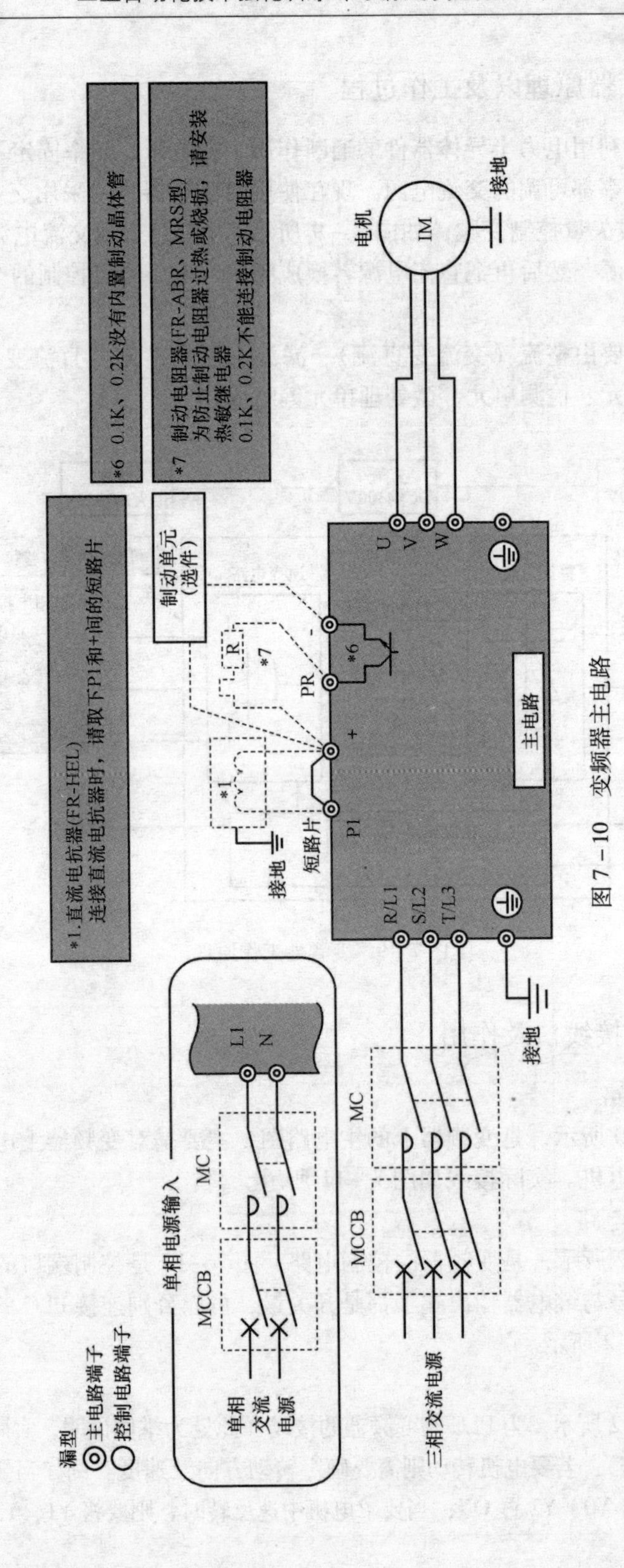
漏型
◎主电路端子
○控制电路端子
单相交流电源
MCCB
MC
单相电源输入
L1
N
三相交流电源
MCCB
MC
接地
R/L1
S/L2
T/L3
P1
短路片
接地
*1
+
PR
-
R
*7
*6
制动单元（选件）
主电路
U
V
W
电机
IM
接地
*1.直流电抗器(FR-HEL)
连接直流电抗器时，请取下P1和+间的短路片
*6 0.1K、0.2K没有内置制动晶体管
*7 制动电阻器(FR-ABR、MRS型)
为防止制动电阻器过热或烧损，请安装
热敏继电器
0.1K、0.2K不能连接制动电阻器

图 7-10 变频器主电路

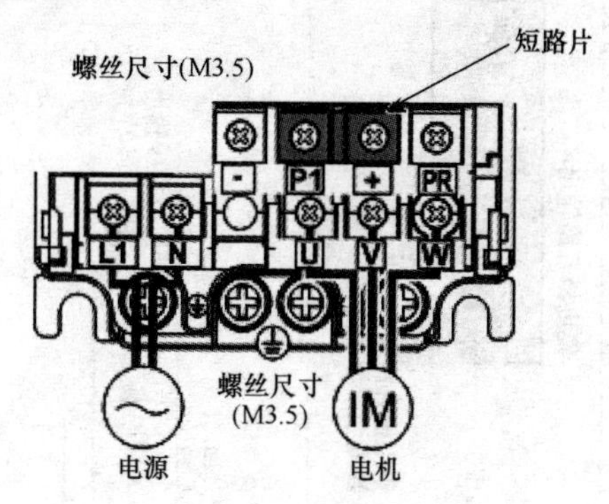

图7－11　主电路接线图

表7－2　　PLC与变频器接线

PLC输出端	变频器控制输入端
Y0	正转启动 STF
Y1	反转启动 STR
Y2	高速 RH
Y3	中速 RM
Y4	低速 RL
PLC输入端	变频器继电器输出端
X12	异常输出端B

②继电器异常输出B与C端在电机正常运行的情况下是有信号输出的，若电机运行过程中出现过流、过载等状况，B与C之间的信号会中断。因此，我们可以利用这个信号来驱动一些报警信息，这里我们把B端接到X12来驱动报警信息。

注意：STF、STR同时ON时变成停止指令；

RH、RM、RL的转速是可改变的，即通过修改相应参数可使得RL速度大于RH（见后续常用参数）；

RH、RM、RL可以同时ON，并组合出不同的转速（详见《D700使用手册》参数设置章节）。

（3）PU接口

可以使用通讯电缆连接PU接口与个人电脑或PLC，通过客户端程序对变频器进行监视以及参数读写。图7－14所示为PU接口插针排列。

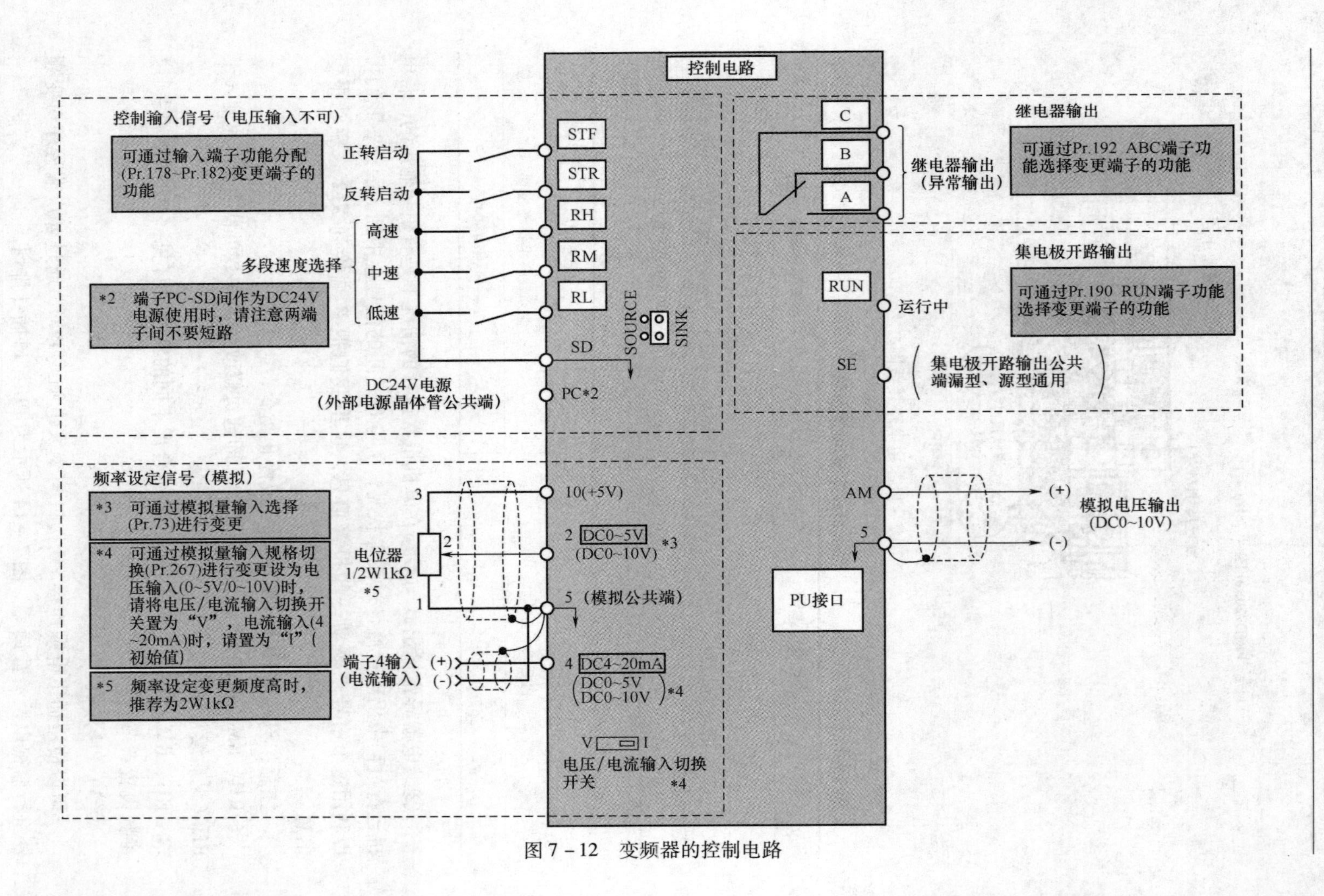

图 7－12 变频器的控制电路

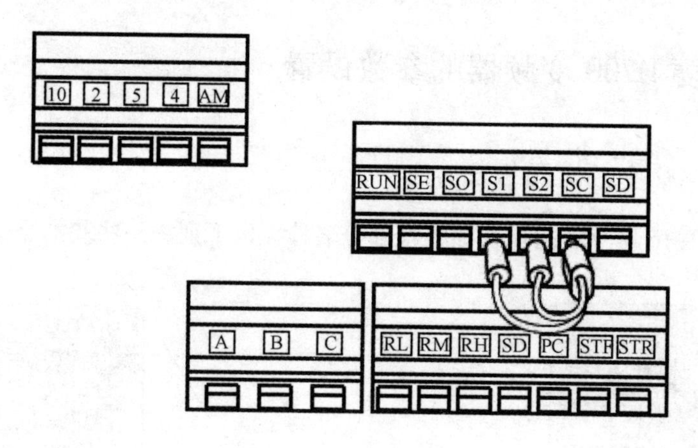

图7－13　控制端子

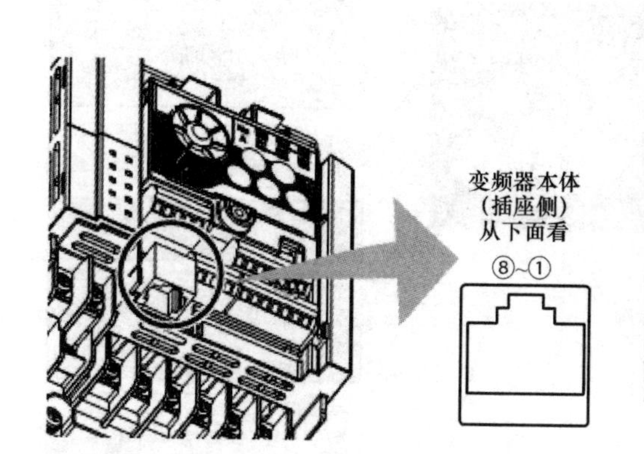

插针编号	名称	内容
①	SG	接地 （与端子5导通）
②	—	参数单元电源
③	RDA	变频器接收+
④	SDB	变频器发送-
⑤	SDA	变频器发送+
⑥	RDB	变频器接收-
⑦	SG	接地 （与端子5导通）
⑧	—	参数单元电源

图7－14　PU接口插针排列

在本实训台中，PU接口与PLC上的RS－485模块相连接，其接线如图7－15所示。其中②、⑧号插针为参数单元用电源，进行RS－485通讯时请不要使用。

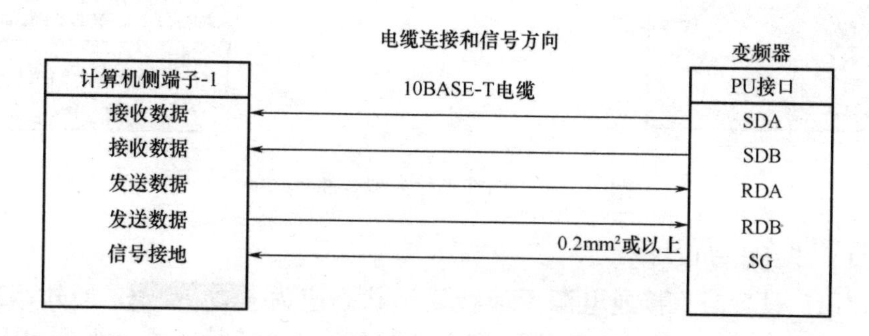

图7－15　RS－485与PU接口连线

7.4　三菱 D700 变频器的参数设置

7.4.1　D700 变频器面板简介

如图 7－16 所示，为操作面板各部分名称。以下列举一些基本操作。

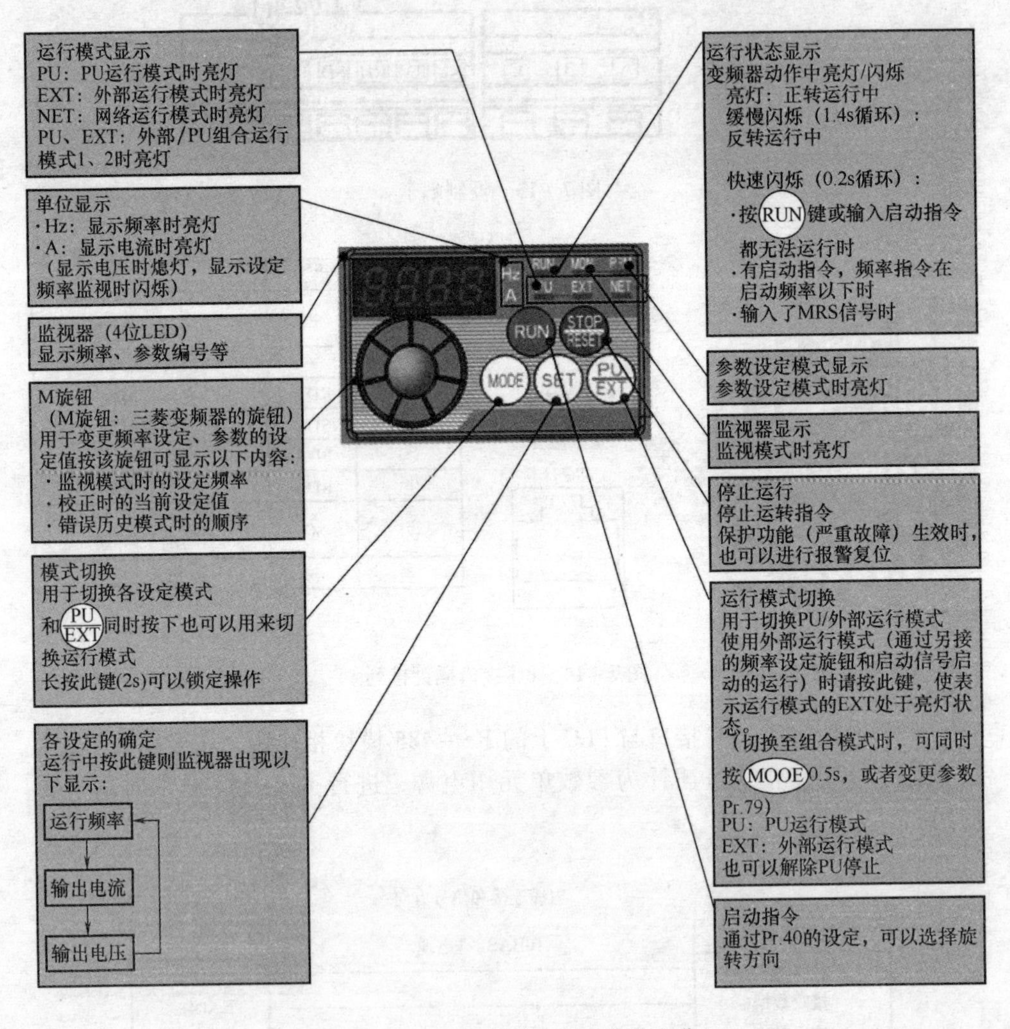

图 7－16　D700 操作面板各部分名称

（1）手动启动电机

在出厂设置时，接通电源后面板显示状态应为 0.00，即外部控制模式。点击 PU/EXT 按钮，使 PU 指示灯亮即为 PU 点动运行模式，点击 RUN 按钮启动电机，此时旋转旋钮可改变电机运行的频率值，在旋转到所需值后，点击 SET 按钮，电机按修改后的频率值运行。点击 STOP 按钮，电机停止运行。

（2）选择运行模式及清零操作

由于其他使用者的使用，当采取上述操作时可能无法手动启动电机，这可能是因为其他使用者修改了部分参数。解决方案如下：

①选择运行模式：在 PU 模式下点击 MOOD 按钮，显示 P. 0，旋转旋钮至 Pr79，点击 SET，旋转旋钮设定值为 0 即外部/PU 运行模式（可设置值为 0 - 7，详见后续常用参数），点击 SET 确定。

②清零操作：在 PU 模式下点击 MOOD 按钮，显示 P. 0，旋转旋钮至 ALLC，点击 SET，旋转旋钮设定值为 1，点击 SET 确定，将变频器参数设置为初始值。

注意：在修改完变频器参数后重启电源，确保修改值生效。

另外电机无法手动启动也可能是由于其他设备正在使用变频器等原因造成的，应根据实际情况进行判断处理。

7.4.2 变频器的常用参数

变频器的常用参数如表 7 - 3 所示。

表 7 - 3　　变频器常用参数表

功能	参数	名称	设定范围	最小设定单位	初始值
基本功能	0	转矩提升	0 ~ 30%	0.1%	6/4/3
	1	上限频率/Hz	0 ~ 120	0.01	120
	2	下限频率/Hz	0 ~ 120	0.01	0
	3	基准频率/Hz	0 ~ 400	0.01	50
	4	多段速设定（高速）/Hz	0 ~ 400	0.01	50
	5	多段速设定（中速/Hz）	0 ~ 400	0.01	30
	6	多段速设定（低速/Hz）	0 ~ 400	0.01	10
	7	加速时间/s	0 ~ 3600	0.1	5/10
	8	减速时间/s	0 ~ 3600	0.1	5/10
	9	电子过流保护/A	0 ~ 500A	0.01	变频器额定电流
	79	运行模式选择	0、1、2、3、4、5、6、7	1	0

续表

功能	参数	名称	设定范围	最小设定单位	初始值
PU 接口通讯	117	PU 通讯站号	0~31 (0~247)	1	0
	118	PU 通讯速率	48、96、 192、384	1	192
	119	PU 通讯停止位长	0、1、10、11	1	1
	120	PU 通讯奇偶校验	0、1、2	1	2
	121	PU 通讯再次次数	0~10、9999	1	1
	122	PU 通讯校验时间间隔/s	0、0.1~999.8、 9999	0.1	0
	123	PU 等待时间设定/ms	0~150、9999	1	9999
	124	PU 通讯有无 CR/LF 选择	0、1、2	1	1
	160	扩展功能显示选择	0、9999	1	9999
	ALLC	参数全部清除	0、1	1	0

（1）转矩提升 Pr. 0

可以补偿低频时的电压降，改善低速区域的电机转矩低下。如图 7－17 所示，以 Pr. 19 基准频率电压为 100%，以百分比在 Pr. 0 中设定 0Hz 的是输出电压。

注：①Pr. 19 为基准频率电压，初始值为 9999 即为与电源电压一样。

②Pr. 0 的初始值与变频器容量相关（见图 7－17），参数的调整请逐步（0.5%）进行，每一次都要确认电机的状态。如果设定值过大，电机将会处于过热状态。最大请不要超过 10%。

（2）上、下限频率 Pr. 1、Pr. 2

这部分参数是用来设置变频器的运行范围，默认设置下变频器在 0~120Hz 范围内任意可调。当要求改变其运行范围，如在 10~40Hz 之间时，则将 Pr. 1 设置为 40，Pr. 2 设置为 10。如图 7－18 所示。

（3）基准频率 Pr. 3

运行标准电机时，一般将电机的额定频率设定为 Pr. 3 基准频率。当需要电机在工频电源和变频器间切换运行时，请将 Pr. 3 基准频率设定为与电源频率相同。

电机额定铭牌上记载的频率为“60Hz”时，必须设定为“60Hz”。

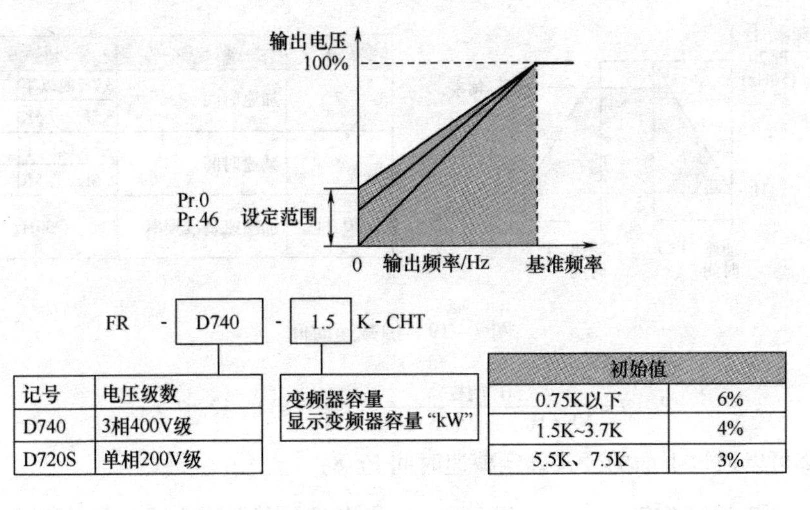

图7-17　变频器容量

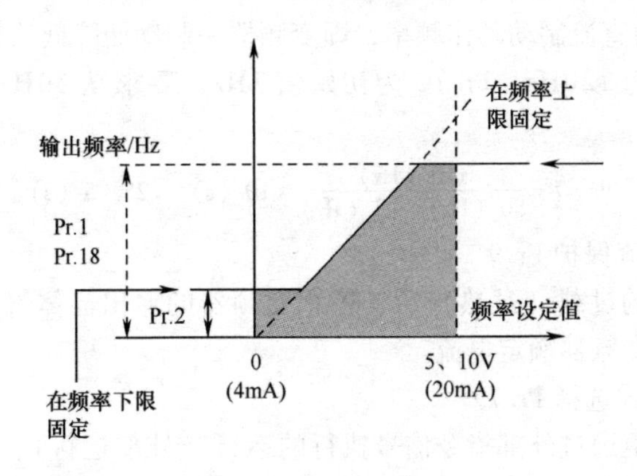

图7-18　上下限频率

使用三菱恒转矩电机时，请将Pr.3设定为“60Hz”。

（4）多段速设定Pr.4、Pr.5、Pr.6

对应接线端子高速RH、中速RM、低速RL的运行频率。

（5）加、减速时间Pr.7、Pr.8

用Pr.7设定从0Hz到达Pr.20设定频率的加速时间；用Pr.8设定从Pr.20设定频率到达0Hz的减速时间。如图7-19所示。

①可以通过下面的公式确定加速时间Pr.7：

$$\text{加速时间设定值} = \frac{\text{Pr. 20}}{\text{最大使用频率} - \text{Pr. 13}} \times \text{从停止到最大使用频率的加速时间} \quad (7-7)$$

注：Pr.13为启动频率，即变频器一启动便具有的频率。

例：Pr.20为初始值50Hz，Pr.13为初始值0.5Hz，要求10s加到40Hz，则有

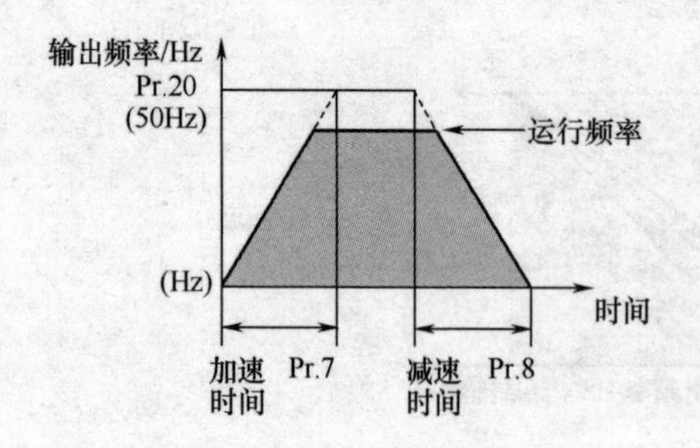

参数编号	名　称	初始值	
7	加速时间	3.7K或以下	5s
		5.5K、7.5K	10s
8	减速时间	3.7K或以下	5s
		5.5K、7.5K	10s
20 *1	加减速基准频率	50Hz	

图 7－19　加减速时间

$$\text{Pr. }7=\frac{50\ (\text{Hz})}{40\ (\text{Hz})\ -0.5\ (\text{Hz})}\times 10\ (\text{s})\ =12.7\ (\text{s})$$

②可以通过下面的公式确定减速时间 Pr. 8：

$$\text{减速时间设定值}=\frac{\text{Pr. }20}{\text{最大使用频率}-\text{Pr. }20}\times\text{从最大使用频率到停止的减速时间}\quad(7-8)$$

注：Pr. 10 为直流制动动作频率，即变频器一制动便降低的频率。

例：Pr. 20 为 120Hz，Pr. 10 为初始值 3Hz，要求从 50Hz 在 10s 内制动，则有

$$\text{Pr. }7=\frac{120\ (\text{Hz})}{50\ (\text{Hz})\ -3\ (\text{Hz})}\times 10\ (\text{s})\ =25.5\ (\text{s})$$

（6）电子过流保护 Pr. 9

检测到电机的过载（过热）后，停止变频器的输出晶体管的动作并停止输出，其初始值为变频器额定电流。

（7）运行模式选择 Pr. 79

可以任意变更通过外部指令信号执行的运行（外部运行）、通过操作面板以及 PU（FR－PU07/FR－PU04－CH）执行的运行（PU 运行）、PU 运行与外部运行组合的运行（外部/PU 组合运行）、网络运行（使用 RS－485 通讯时）。如图 7－20所示。

（8）扩展功能显示选择 Pr. 160

初始值为 9999，只显示简单模式的参数；可设置为 0，显示简单模式和扩展参数。

（9）通讯运行和设定 Pr. 117 ~ Pr. 124

①RS－485 通讯的初始设定与规格的参数号是 Pr. 117 ~ Pr. 120、Pr. 123、Pr. 124，是为使变频器与计算机进行 RS－485 通讯而进行必要的设定。同时使用变频器的 PU 接口进行通讯。如果不进行初始设定或设定不当，将无法进行数据交换。通讯参数如表 7－4 所示。

<table>
<tr><th>参数编号</th><th>名　称</th><th>初始值</th><th>设定范围</th><th colspan="2">内　容</th><th>LED显示
■：灭灯
□：亮灯</th></tr>
<tr><td rowspan="11">79</td><td rowspan="11">运行模式选择</td><td rowspan="11">0</td><td>0</td><td colspan="2">外部/PU切换模式，通过（PU/EXT）键可以切换PU与外部运行模式
接通电源时为外部运行模式</td><td>外部运行模式
EXT
PU运行模式
PU</td></tr>
<tr><td>1</td><td colspan="2">固定为PU运行模式</td><td>PU</td></tr>
<tr><td>2</td><td colspan="2">固定为外部运行模式
可以在外部、网络运行模式间切换运行</td><td>外部运行模式
EXT
网络运行模式
NET</td></tr>
<tr><td rowspan="3">3</td><td colspan="2">外部/PU组合运行模式1</td><td rowspan="6">PU EXT</td></tr>
<tr><td>频率指令</td><td>启动指令</td></tr>
<tr><td>用操作面板、PU(FR-PU04-OH/FR-PU07)设定或外部信号输入（多段速设定，端子4-5间（AU信号ON时有效））</td><td>外部信号输入
(端子STF、STR)</td></tr>
<tr><td rowspan="3">4</td><td colspan="2">外部/PU组合运行模式2</td></tr>
<tr><td>频率指令</td><td>启动指令</td></tr>
<tr><td>外部信号输入
(端子2、4、JOG、多段速选择等)</td><td>通过操作面板的(RUN)键、PU(FR-PU04-CH/FR-PU07)的(FWD)、(REV)键来输入</td></tr>
<tr><td>6</td><td colspan="2">切换模式
可以在保持运行状态的同时，进行PU运行、外部运行、网络运行的切换</td><td>PU运行模式
PU
外部运行模式
EXT
网络运行模式
NET</td></tr>
<tr><td>7</td><td colspan="2">外部运行模式（PU运行互锁）
X12信号ON
可切换到PU运行模式
（外部运行中输出停止）
X12信号OFF
·禁止切换到PU运行模式</td><td>PU运行模式
PU
外部运行模式
EXT</td></tr>
</table>

图7－20　运行模式选择

表7－4　　通讯参数

参数编号	名称	初始值	设定范围	内容
117	PU 通讯站号	0	0～31（0～247）	变频器站号指定 一台控制器连接多台变频器时要设定变频器的站号
118	PU 通讯速率	192	48、96、192、384	通讯速率 设定值×100 即通讯速率 例：设定为 192 时通讯速率为 19200bps

续表

参数编号	名称	初始值	设定范围	内容	
				停止位长	数据位长
119	PU 通讯停止位长	1	0	1bit	8bit
			1	2bit	
			10	1bit	7bit
			11	2bit	
120	PU 通讯奇偶校验	2	0	无奇偶校验	
			1	奇校验	
			2	偶校验	
123	PU 通讯等待时间设定	9999	0 ~ 150ms	设定向变频器发出数据后信息返回的等待时间	
			9999	用通讯数据进行设定	
124	PU 通讯有无 CR/LF 选择	1	0	无 CR、LF	
			1	有 CR	
			2	有 CR、LF	

②通讯异常时的动作选择（Pr. 121、Pr. 122）

通过 PU 接口进行 RS－485 通讯时，可以选择通讯异常时的动作。通讯异常参数如表 7－5 所示。

表 7－5　通讯异常时的参数

参数编号	名称	初始值	设定范围	内容
121	PU 通讯再试次数	1	0 ~ 10	发生数据接收错误时的再试次数容许值。连续发生错误次数超过容许值时，变频器奖将跳闸（根据 Pr. 502 的设定） 仅在三菱变频器（计算机链接）协议下有效
			9999	
122	PU 通讯校验时间间隔	0	0	可进行 RS－485 通讯。但有操作权的运行模式启动的瞬间将发生通讯错误（E. PUE）
			0. 1 ~ 999. 8s	通讯校验（断线检测）时间的间隔 无通讯状态超过容许时间以上时，变频器将跳闸（根据 Pr. 502 的设定）
			9999	不进行通讯校验（断线检测）

注：在各参数的初始设定之后，请务必进行变频器复位。在变更通讯相关的参数后，不进行复位将无法通讯。

7.5　变频器实训练习

（1）变频器的基本操作

①“设定模式”的切换：监视器、频率设定；参数设定；报警历史；

②参数：参数查看与修改；

③参数清零；

④变频器运行模式 Pr. 79；

⑤具体参数设置：Pr. 160、Pr. 1、Pr. 2、Pr. 4、Pr. 5、Pr. 6、Pr. 7、Pr. 8、Pr. 9、Pr. 40。

（2）实训练习

①分别完成以下内容（内容完成后清除参数）：

a. 按启动，皮带运行频率为35Hz；

b. 按启动，皮带运行，频率为10Hz，按复位，皮带运行频率变为35Hz；

c. 按启动，皮带运行，频率为40Hz，按复位，皮带运行频率变为20Hz，到达皮带后端传感器，皮带反转，频率为35Hz。

②完成以下内容：

a. 将 P. 9 参数设置成 0. 01A（代表什么?）。使皮带运行，观察出现什么情况？怎么解释？查看手册怎么复位？

b. PLC 怎么知道变频器异常输出？这个信号是常开还是常闭的？怎么编写程序？

c. 用操作面板的“复位”按键（X5）复位变频器的“异常输出”状态，应该怎么设置？

d. 编程完成：设置变频器过流保护值为 0. 01A。按 X3，机械手不断地左右往复运动。按 X4，皮带启动。要求：按下急停，所有动作马上停止。当变频器异常输出时，所有动作同样马上停止（与急停一样）。急停或者异常输出后，必须解除急停和按下“复位”（X5）后，才能重新运行。

③验证 Pr. 1、Pr. 2、Pr. 18、Pr. 13 之间的关系：

a. Pr. 1 = 50Hz、Pr. 2 = 0、Pr. 18 = 120。通过 PU 操作，调频率，看能否运行到 50Hz 以上运行?

b. Pr. 1 = 50Hz、Pr. 2 = 30、Pr. 18 = 120。通过 PU 操作，调整频率，看能否调到 30Hz 以下运行?

c. Pr. 1 = 50Hz、Pr. 2 = 30、Pr. 18 = 150。通过 PU 操作，调整频率，看能否调到超过 50Hz 运行?

d. Pr. 1 = 50Hz、Pr. 2 = 0、Pr. 13 = 30。观察在 0 ~ 30Hz，变频器是否有频率

显示，电机是否能转动，电机在什么时间开始转动？

E. Pr. 1 =50Hz、Pr. 2 = 35、Pr. 13 = 30。观察变频器是否有 0 ~ 30Hz 显示，电机从什么频率开始转动？

④变频器多段速运行：

a. 运行 7 段速。这七段速分别是：50Hz、40Hz、20Hz、35Hz、60Hz、10Hz、5Hz。

b. 运行 15 段速。在前面的 7 段速度的基础上再加 8 段，这 8 段的运行频率分别是：40Hz、25Hz、45Hz、28Hz、36Hz、5Hz、8Hz、42Hz。

如何接线？设置那些参数？如何操作？

⑤变频器功能测试：

a. 在 PU 模式下，运行点动，点动频率为 50Hz，电动加减速时间是 1s。如何设置参数？如何运行？

b. 测试直流制动：制动频率为 30Hz，制动时间为 1. 5s，制动电压为 10%。以 50Hz 运行变频器，按下停止按钮，观察电动机是如何停止？制动电压为 10% 是多少伏？制动时间 1. 5s 是什么意思？

c. 测试变频器防反转运行功能，要求变频器只能正转，不能反转。如何设置参数？

第 8 章　可编程控制器的程序设计方法与技巧

PLC 程序设计的最基本要求是正确，一个程序必需经过实际检验，才能证明其运行的正确性，若程序错误，其他方面如合理性、可靠性等则无从谈起。程序编写前必须熟悉每条指令，并熟悉基本的电路逻辑，能理解一些基础的小程序。元件的选用要合理，在确保控制程序正确的前提下，尽可能的使用户程序简短，并尽可能缩短扫描周期，提高输入、输出响应速度。

8.1　梯形图的编写规则

梯形图是应用比较广泛的图形编程语言，其逻辑与电气控制系统的电路图很相似，具有直观易懂的优点，很容易被电气工程技术人员掌握。使用梯形图编程，应遵守一定的编程规则（本文以三菱 PLC 为例进行说明，这些规则在其他 PLC 编程时也可同样遵守）：

（1）梯形阶梯都是始于左母线，终于右母线（通常可以省掉不画，仅画左母线）。每行的左边是接点组合，表示驱动逻辑线圈的条件，而表示结果的逻辑线圈只能接在右边的母线上。即左母线与线圈之间一定要有触点，而线圈与右母线之间则不能有任何触点。如图 8－1（a）应改为（b）。

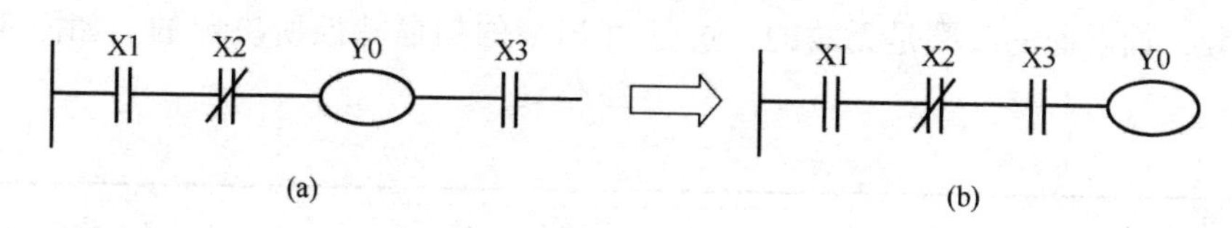

图 8－1　触点不能在线圈的右边

（2）接点应画在水平线上，不应画在垂直线上。如图 8－2 中的接点 X005，是不正确的。

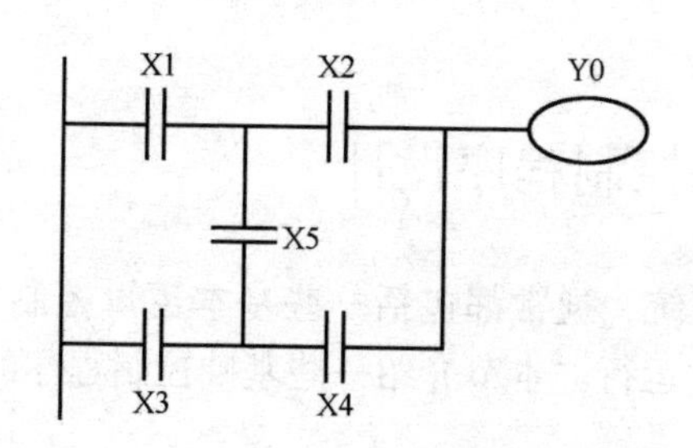

图 8－2　触点不能垂直放置

（3）并联块串联时，应将接点多的去路放在梯形图左方（左重右轻原则）；串联块并联时，应将接点多的并联去路放在梯形图的上方（上重下轻的原则）。这样做，程序简洁，从而减少指令的扫描时间，这对于一些大型的程序尤为重要。如图 8－3 所示。

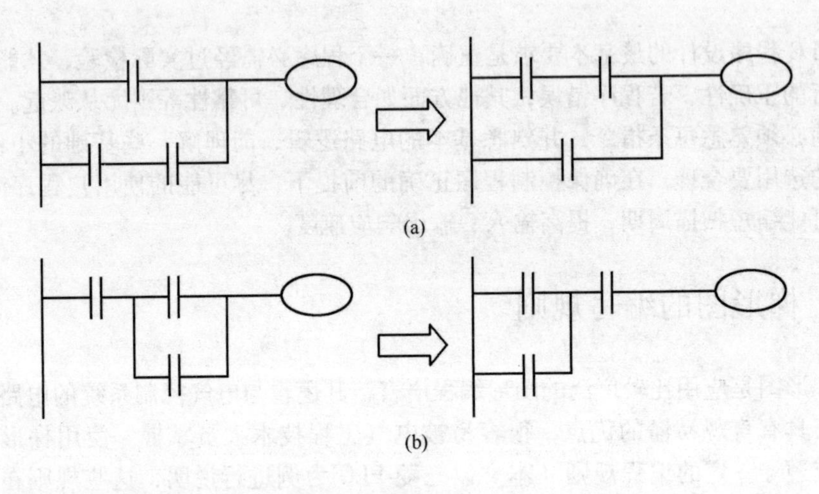

图 8－3
（a）上重下轻原则　（b）左重右轻原则

（4）不能使用双线圈输出（STL 指令除外）。若在同一梯形图中，同一组件的线圈使用两次或两次以上，则称为双线圈输出或线圈的重复利用。双线圈输出是一般梯形图初学者容易犯的毛病之一。在双线圈输出时，只有最后一次的线圈才有效，而前面的线圈是无效的。这是由 PLC 的扫描特性所决定的。如图 8－4 所示。

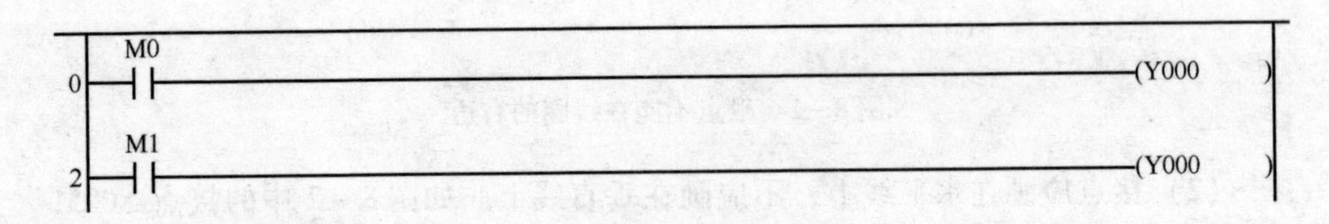

图 8－4　双线圈输出

8.2　常用的逻辑控制程序设计

PLC 控制的电气系统，通常都包括一些基本逻辑控制电路来辅助进行控制，以保证控制系统的正常运行。本节介绍一些基础控制程序的编写。

8.2.1　启、停、保电路单元

8.2.1.1　具有自锁功能的启停控制程序

梯形图的工作过程是：X0 接通，Y0 置 1，并联在 X0 触点上的 Y0 常开触点自锁，使 Y0 保持接通。需要停止时，按下 X1，使串联在 Y0 线圈回路中的 X1 常闭触点断开，Y0 失电。如图 8－5 所示。

启、停、保控制程序是梯形图中最典型的控制单元，它包含了启动、自保持、停止这一完整过程，是学习逻辑控制的基础。

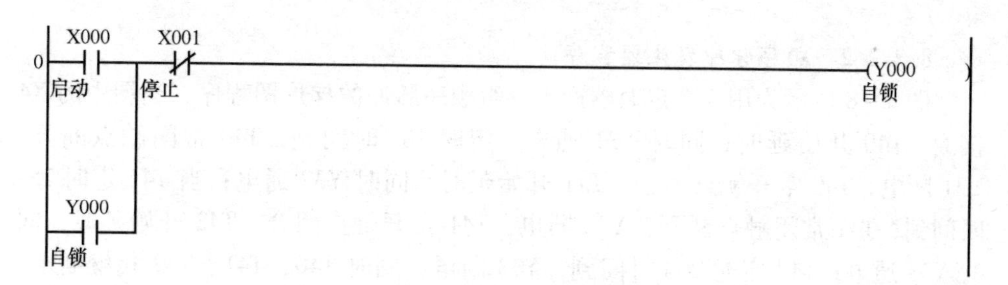

图 8－5　带自锁的启停控制程序

8.2.1.2　具有互锁功能的控制程序

互锁是几个回路之间，利用某一回路的辅助触点，去控制对方的线圈回路，进行状态保持或功能限制。在图 8－6 中，将 Y0 与 Y1 的常闭触点分别与对方的线圈串联，以确保 Y0 与 Y1 的线圈不同时为 ON，这就是所谓互锁。

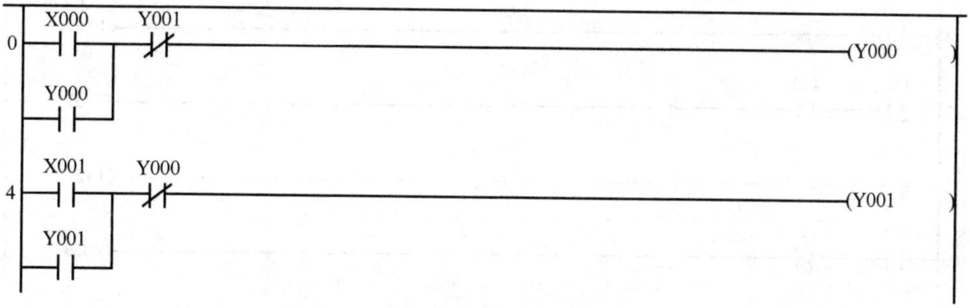

图 8－6　互锁程序

8.2.2　常用的定时器与计数器应用程序

8.2.2.1　占空比可调的脉冲信号发生器程序

图 8－7 所示程序采用两个定时器产生连续脉冲信号，脉冲周期为 2s，占空比为 1：1（按时间与断开时间之比），接通时间由定时器 T1 设定，断开时间由

定时器T0设定，用Y0作为连续脉冲输出端。

```
     X000      T1                                      K10
0 ---| |-------|/|-----------------------------------(T0      )
     T0                                                K10
5 ---| |--+------------------------------------------(T1      )
          |
          +------------------------------------------(T000    )
```

图8－7　占空比可调的脉冲信号发生器

8.2.2.2　顺序脉冲发生器程序

图8－8所示为用3个定时器产生一组顺序脉冲的梯形图程序，当图中的X4接通，T40开始延时，同时Y31通电；定时10s时间到，T40常闭触点断开，Y31断电，T40常开触点闭合，T41开始延时，同时Y32通电；当T41定时15s时间到，T41常闭触点断开，Y32断电，T41常开触点闭合，T42开始延时，同时Y33通电；T42定时20s时间到，Y33断电，同时T40、T41、T42相继断电。如果X4仍接通，重新开始产生顺序脉冲，直到X4断开。当X4断开时，所有的定时器全部断电，定时器触点复位，输出Y31、Y32及Y33全部断电。

```
      X004     T42                                     K100
0  ---| |------|/|-----------------------------------(T40     )
      X004     T40
5  ---| |------|/|-----------------------------------(Y031    )
      T40                                              K150
8  ---| |--------------------------------------------(T41     )
      T40      T41
12 ---| |------|/|-----------------------------------(Y032    )
      T41                                              K200
15 ---| |--------------------------------------------(T42     )
      T41      T42
19 ---| |------|/|-----------------------------------(Y033    )
```

图8－8　顺序脉冲发生器

8.2.2.3　应用计数器的延时程序

当用时钟脉冲信号作为计数器的计数输入信号时，计数器就可以实现定时功能，时钟脉冲信号的周期与计数器的设定值的乘积就是定时时间。其中时钟脉冲信号可以用PLC的特殊辅助继电器（如M8011、M8012、M8013和M8014等）产生，也可以由连续脉冲发生程序产生，还可以由PLC外部时钟电路产生。

图 8-9 是采用一个计数器的延时程序。图中，M8012 产生周期为 0.1s 的脉冲信号，当 X15 闭合时，M2 通电并自锁，M8012 时钟脉冲加到 C0 的计数输入端；当 C0 累计到 18000 个脉冲时，计数器动作，其常开触点闭合，Y5 线圈接通。从 X15 闭合到 Y5 动作的延时时间为 1800s。

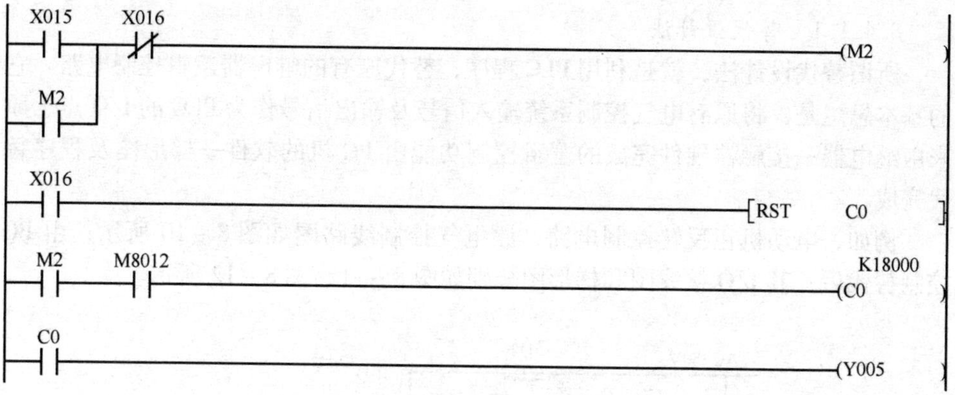

图 8-9　采用计数器的延时程序

8.3　PLC 控制系统设计的一般设计方法

PLC 控制系统的设计，一般包括以下几个步骤：

（1）确定控制对象和控制范围　即分析控制对象、控制过程和控制要求，了解工艺流程，确定控制系统应实现的所有功能和控制指针。控制对象确定后，需要进一步明确哪些操作应由 PLC 来控制，哪些操作适宜于手动控制。

（2）PLC 机型选择　在选择机型前，应先对控制对象从以下几个方面进行估计：

①多少个开关量输入，电压分别是多少；

②多少个开关量输出，输出功率要多大；

③多少个模拟量 I/O；

④系统有什么特殊要求，如远程 I/O、高速计数、实时性、网络通信等。

这样，借助于各公司的 PLC 产品样本就可以选择相应的机型。

（3）定义 I/O 表　在 I/O 表中一般必须指定每个 I/O 点对应的模块编号、端子编号、I/O 地址、用途以及讯号有效状态。定义好了 I/O 表以后，一个 PLC 控制系统有关的硬件实现和软件编制就可以同步进行了。

（4）内存估计、I/O 模块配置以及系统电源选择

（5）程序编写

（6）离线仿真调试

（7）联机调试

8.4 PLC的程序设计方法

8.4.1 梯形图设计方法

8.4.1.1 替代设计法

所谓替代设计法，就是利用PLC程序，替代原有的继电器逻辑控制电路。它的基本思想是：将原有电气控制系统输入信号及输出信号作为PLC的I/O点，原来由继电器—接触器硬件完成的逻辑控制功能由PC机的软件—梯形图及程序替代完成。

例如，电动机正反转控制电路，原电气控制线路图如图8－10所示；由PC控制替代后，其I/O接线图和梯形图分别如图8－11、图8－12所示。

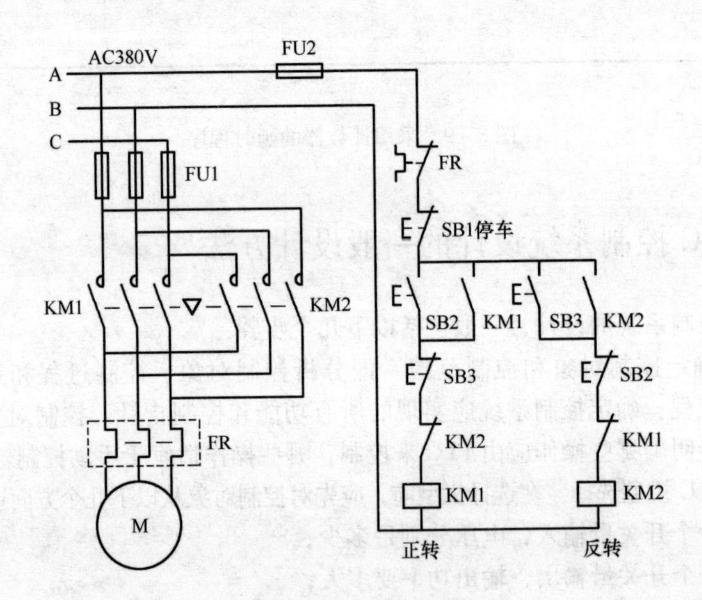

图8－10　继电器控制线路图

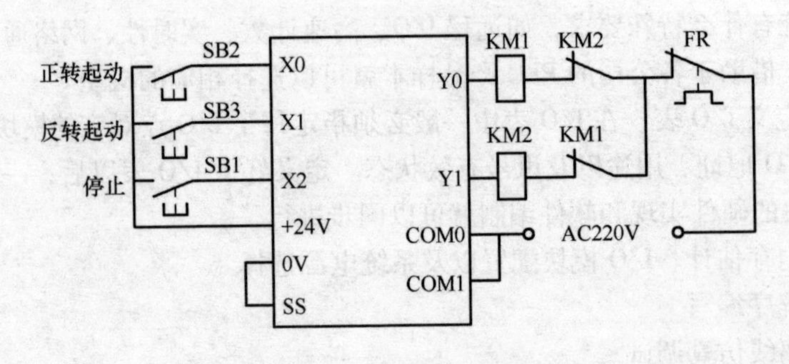

图8－11　PLC I/O接线图

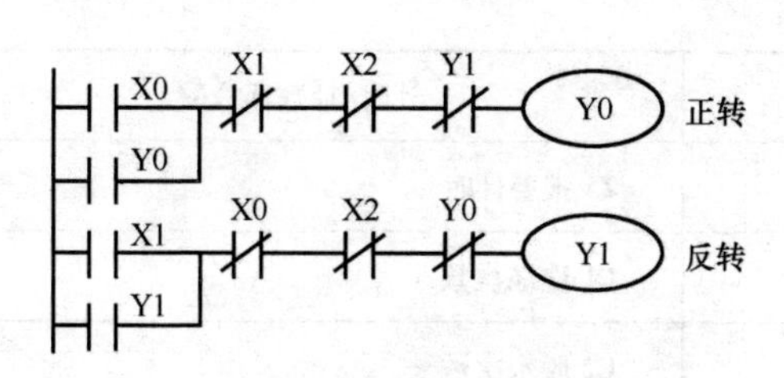

图8－12　PLC梯形图

这种方法，其优点是程序设计方法简单，有现成的电气控制线路作依据，设计周期短。一般在旧设备电气控制系统改造中，对于不太复杂的控制系统常采用。

8.4.1.2　程序流程图设计法

PLC采用计算机编程，其程序设计同样可遵循软件工程设计方法，程序工作过程可用流程图表示。由于PLC的程序执行为循环扫描工作方式，因而与计算机程序框图不同点是，PLC程序框图在进行输出刷新后，再重新开始输入扫描，循环执行。

下面以全自动洗衣机控制为例，说明这种设计方法的应用。

第一步，画出洗衣机工艺流程图，如图8－13所示。

第二步，选择PC机型，设置I/O点编号。其I/O点编号分配及计时/计数器分配如表8－1所示：

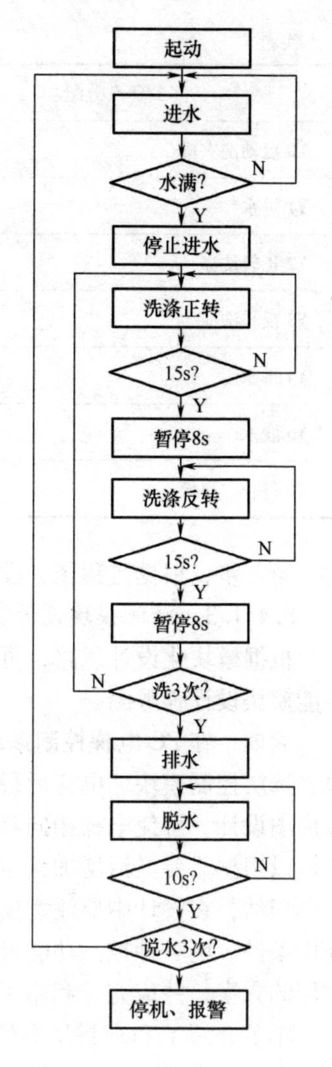

图8－13　洗衣机工艺流程图

表8－1　　I/O点分配及计时/计数器分配表

I/O点分配	计时/计数器分配
X0启动开关	T0正转计时
X1停止开关	T1暂停计时
X2手动排水开关	T2反转计时
X3高水位开关	T3暂停计时
X4低水位开关	T4脱水计时

续表

I/O 点分配	计时/计数器分配
Y0 启动洗衣机	T5 报警计时
Y1 进水	C1 洗涤次数
Y2 正转洗涤	C2 脱水次数
Y3 反转洗涤	
Y4 排水	
Y5 脱水	
Y6 停止、报警	

第三步，根据流程图，设计梯形图，如图 8－14 所示。

8.4.1.3　功能模块设计法

根据模块化设计思路，可对系统按控制功能进行模块划分，依次对各控制的功能模块设计梯形图。

例如，在 PC 电梯控制系统中，对电梯控制按功能可分为：厅门开关控制模块、选层控制模块、电梯运行控制模块、呼梯显示控制模块等。按电梯功能进行梯形图设计，可使电梯相同功能的程序集中在一起，程序结构清晰、便于调试，还可以根据需要灵活增加其他控制功能。

当然，在设计中要注意模块之间的互相影响时、时序关系，以及联锁指令的使用条件。同一种控制功能可有不同的软件实现方法，应根据具体情况采用简单实用的方案，并应充分利用不同机型所提供的编程指令，使程序尽量简洁。

本节介绍了 PLC 梯形图的四种设计方法，除此之外，还有其他一些方法，如经验法、逻辑代数法。在系统设计中对不同的环节，可根据具体情况，采用不同的设计方法。通常在全局上采用程序框图及功能模块方法设计；在旧设备改造中，采用替代法设计；在局部或具体功能的程序设计上，采用逻辑代数法和经验法。

8.4.2　SFC 图设计方法

8.4.2.1　状态转移图

用梯形图或指令表方式编程固然广为电气技术人员接受，但对于一个复杂的控制系统，尤其是顺序控制系统，由于内部的联锁、互动关系极其复杂，其梯形图往往长达数百行。另外，在梯形图上如果不加注释，这种梯形图的可读性也会大大降低。

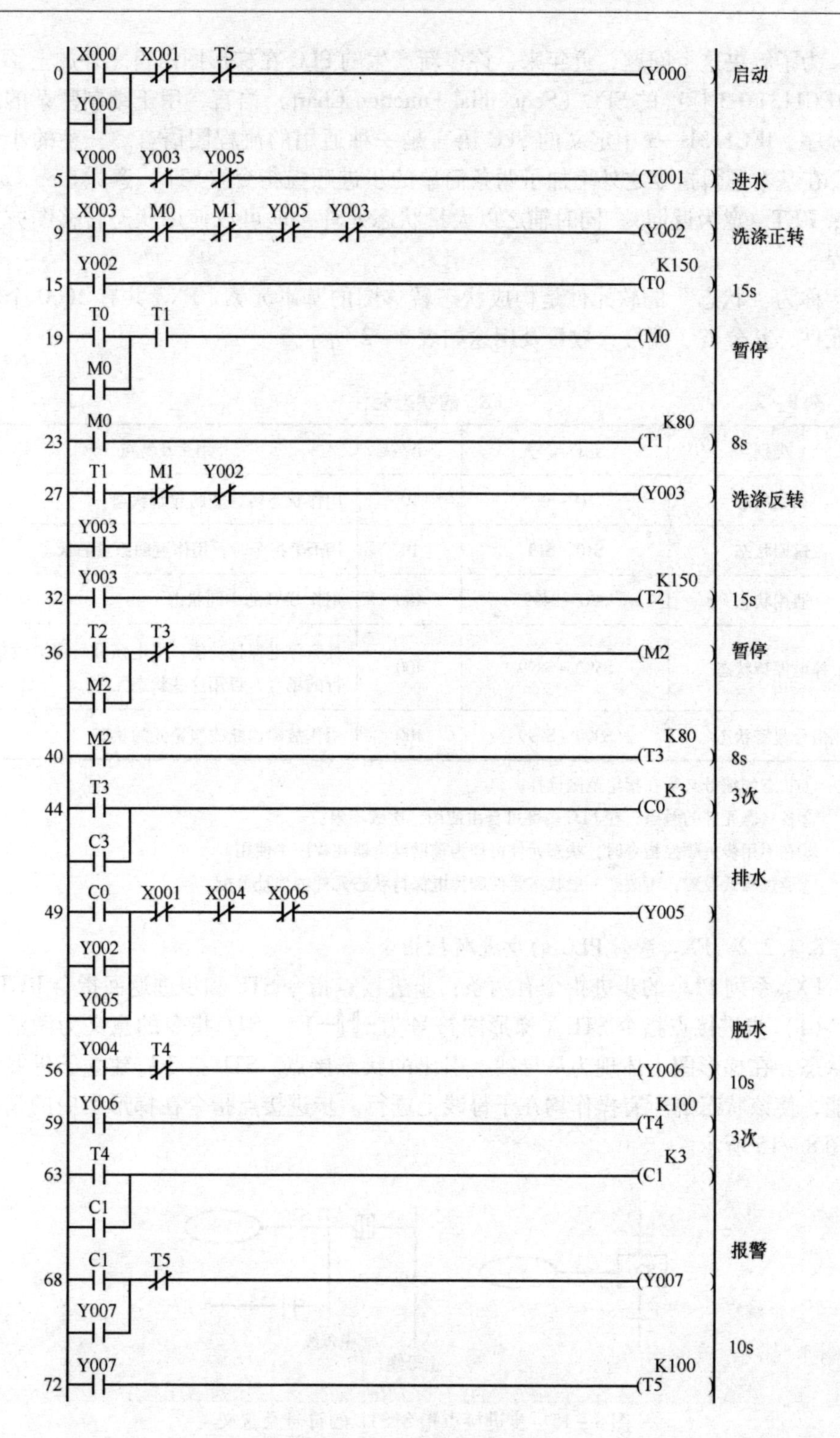
0 X000 X001 T5 (Y000) 启动
Y000
5 Y000 Y003 Y005 (Y001) 进水
9 X003 M0 M1 Y005 Y003 (Y002) 洗涤正转
15 Y002 K150 (T0) 15s
19 T0 T1 (M0) 暂停
M0
23 M0 K80 (T1) 8s
27 T1 M1 Y002 (Y003) 洗涤反转
Y003
32 Y003 K150 (T2) 15s
36 T2 T3 (M2) 暂停
M2
40 M2 K80 (T3) 8s
44 T3 K3 (C0) 3次
C3
排水
49 C0 X001 X004 X006 (Y005)
Y002
Y005
脱水
56 Y004 T4 (Y006)
10s
59 Y006 K100 (T4)
3次
63 T4 K3 (C1)
C1
报警
68 C1 T5 (Y007)
Y007
10s
72 Y007 K100 (T5)

图 8－14　洗衣机梯形图

为了解决这个问题，近年来，许多新产生的PLC在梯形图语言之外加上了符合IEC1131—3标准的SFC（Sequential Function Chart）语言，用于编制复杂的顺控程序。IEC1131—3中定义的SFC语言是一种通用的流程图语言。三菱的小型PLC在基本逻辑指令之外增加了两条简单的步进顺控指令（STL，意为Step Ladder；RET，意为返回），同时辅之以大量状态元件，就可以使用状态转移图方式编程。

称为“状态”的软元件是构成状态转移图的基本元素。FX_{2N}共有1000个状态元件，其分类、编号、数量及用途如表8－2所示。

表8－2　FX_{2N}的状态元件

类别	元件编号	个数	用途及特点
初始状态	S0～S9	10	用作状态转移图的起始状态
返回状态	S10～S19	10	用IST指令时，用作返回原点的状态
通用状态	S20～S499	480	用作SFC的中间状态
掉电保持状态	S500～S899	400	具有停电保持功能，停电恢复后需继续执行的场合，可用这些状态元件
信号报警状态	S900～S999	100	用作故障诊断或报警元的状态

注：①状态的编号必须在指定范围选择。

②各状态元件的触点，在PLC内部可自由使用，次数不限。

③在不用步进顺控指令时，状态元件可作为辅助继电器在程序中使用。

④通过参数设置，可改变一般状态元件和掉电保持状态元件的地址分配。

8.4.2.2　FX_{2N}系列PLC的步进顺控指令

FX_{2N}系列PLC的步进指令有两条：步进接点指令STL和步进返回指令RET。

（1）步进接点指令STL（梯形图符号为⊣‖⊢）　STL指令的意义为激活某个状态。在梯形图上体现为从母线上引出的状态接点。STL指令有建立子母线的功能，使该状态的所有操作均在子母线上进行。步进接点指令在梯形图中的情况如图8－15所示。

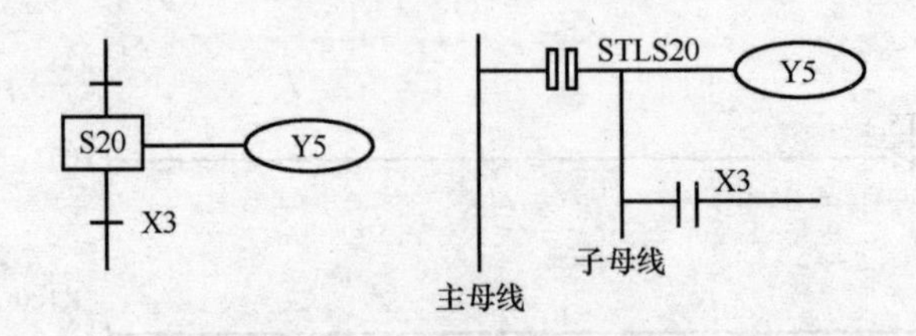

图8－15　步进接点指令STL的符号及含义

（2）步进返回指令 RET（梯形图为—[RET]）　RET 指令用于返回主母线。使步进顺控程序执行完毕时，非状态程序的操作在主母线上完成，防止出现逻辑错误。状态转移程序的结尾必须使用 RET 指令。

8.4.2.3　运用状态编程思路解决顺控问题的方法步骤

为了说明状态编程思路，我们先看一个实例：某自动台车在启动前位于导轨的中部，如图 8－16 所示。某一个工作周期的控制工艺要求如下：

①按下启动按钮 SB，台车电机 M 正转，台车前进，碰到限位开关 SQ1 后，台车电机反转，台车后退；

②台车后退碰到限位开关 SQ2 后，台车电机 M 停转，台车停车，停 5s，第二次前进，碰到限位开关 SQ3，再次后退；

③当后退再次碰到限位开关 SQ2 时，台车停止。

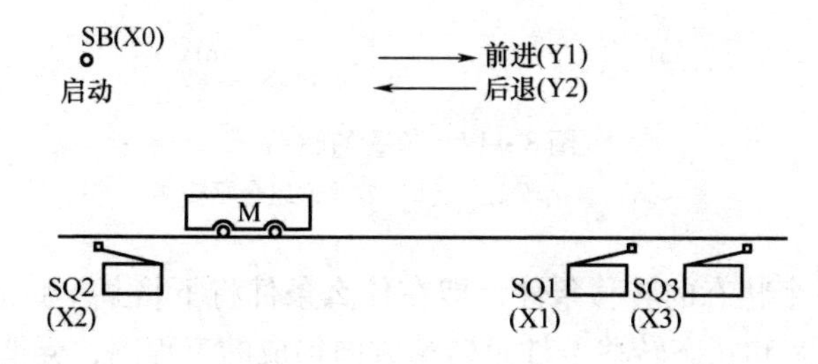

图 8－16　自动台车示意图

为设计本控制系统的梯形图，先安排输入、输出口及机内器件。台车由电机 M 驱动，正转（前进）由 PLC 的输出点 Y1 控制，反转（后退）由 Y2 控制。为了解决延时 5s，选用定时器 T0。将启动按钮 SB 及限位开关 SQ1、SQ2、SQ3 分别接于 X0、X1、X2、X3。

下面我们以台车往返控制为例，说明运用状态编程思路设计状态转移图（SFC）的方法和步骤。

（1）将整个过程按任务要求分解，其中的每个工序均对应一个状态，并分配状态元件如下：

1. 初始状态 S0	4. 延时 5s S22
2. 前进 S20	5. 再前进 S23
3. 后退 S21	6. 再后退 S24

注意：虽然 S20 与 S23、S21 与 S24 功能相同，但它们是状态转移图中的不同工序，也就是不同状态，故编号也不同。

（2）弄清每个状态的功能、作用。

①S0 PLC 上电做好工作准备；

②S20 前进（输出 Y1，驱动电动机 M 正转）；
③S21 后退（输出 Y2，驱动电动机 M 反转）；
④S22 延时 5s（定时器 T0，设定为 5s，延时到 T0 动作）；
⑤S23 同 S20；
⑥S24 同 S21。

各状态的功能是通过 PLC 驱动其各种负载来完成的。负载可由状态元件直接驱动，也可由其他软元件触点的逻辑组合驱动，如图 8－17 所示。

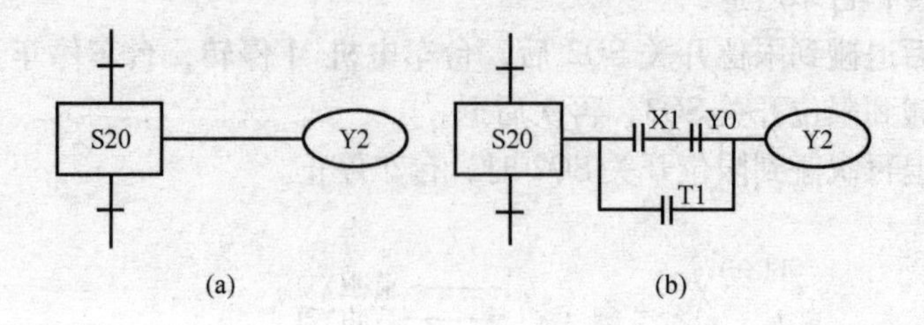

图 8－17　负载的驱动
（a）直接驱动　（b）软元件组合驱动

（3）找出每个状态的转移条件，即在什么条件将下将某个状态“激活”。状态转移图就是状态和状态转移条件及转移方向构成的流程图，弄清转移条件当然是必要的。

经分析可知，本例中各状态的转移条件如下：
①S20 转移条件 SB；
②S21 转移条件 SQ1；
③S22 转移条件 SQ2；
④S23 转移条件 T0；
⑤S24 转移条件 SQ3。

状态的转移条件可以是单一的，也可以由多个元件的串、并联组合，如图 8－18所示。

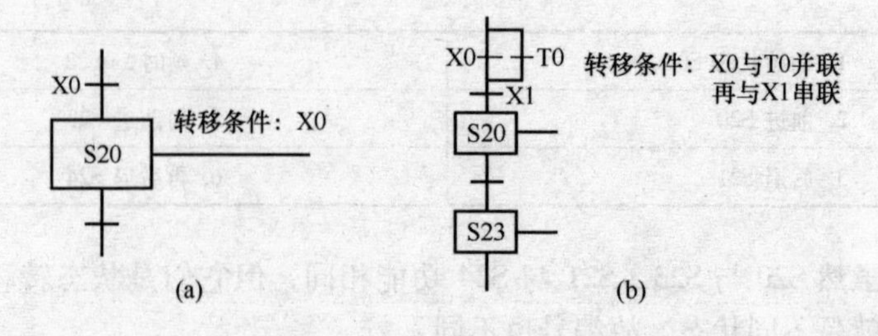

图 8－18　状态的转移条件
（a）单一条件　（b）转移的组合条件

经过以上三步，可得到台车往返控制的顺序状态转移图，如图 8 - 19 所示。

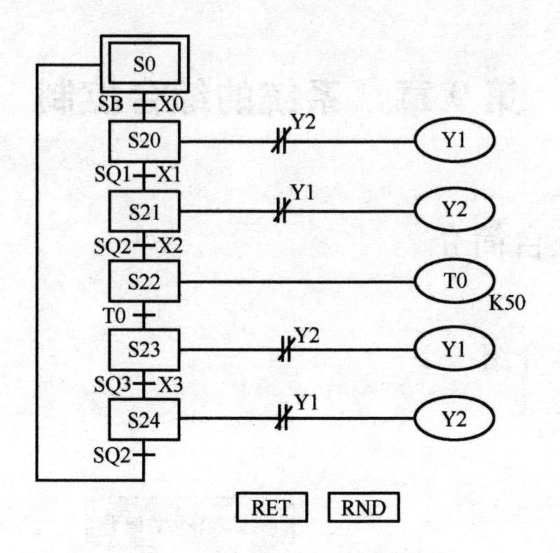

图 8 - 19　台车自动往返系统状态转移流程图

第9章　系统的综合控制

9.1　PLC考证台简介

9.1.1　系统总体介绍

如图9－1所示。

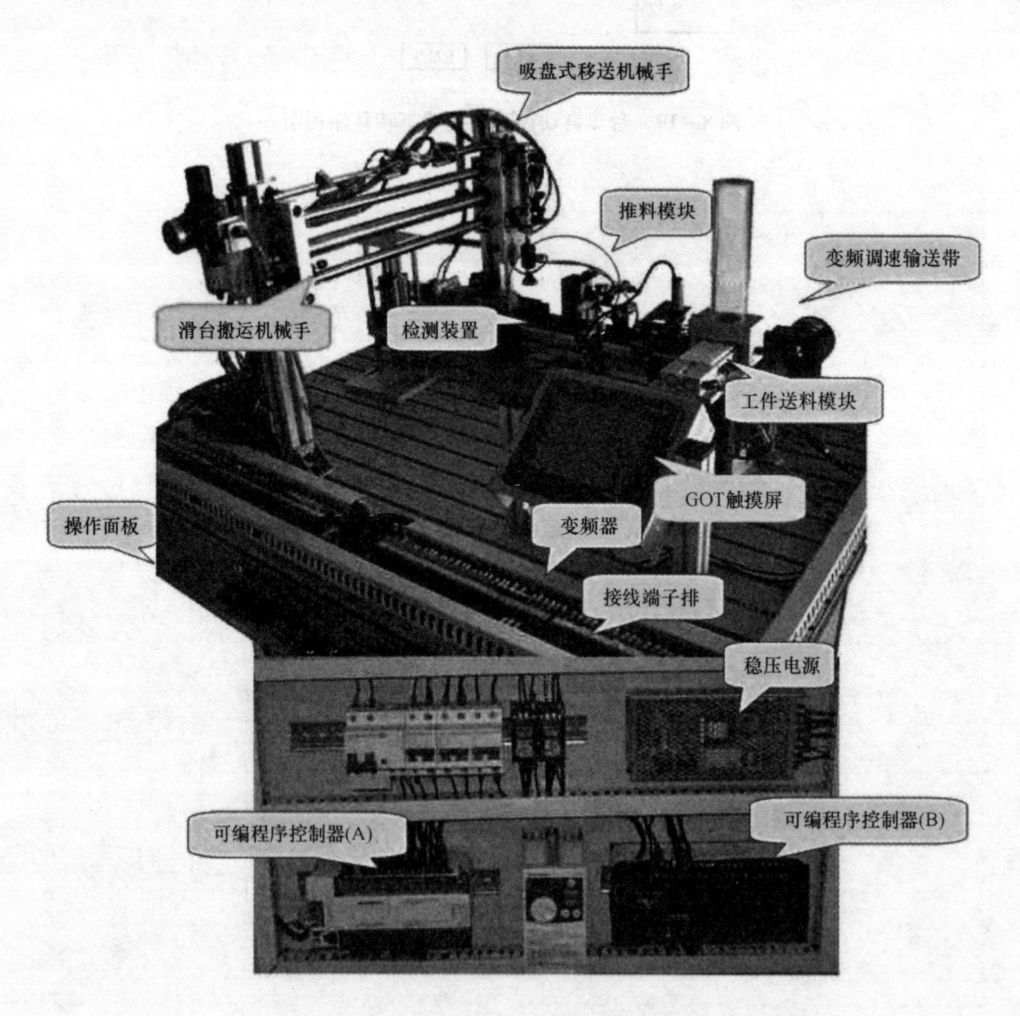

图9－1　自动分拣线系统

自动分拣输送生产线，主要由间歇式养料装置、输送带、不合格品处理装置（推杆）、合格品搬运装置（吸盘式机械手）等功能模块以及配套的电气控制系统、气动回路组成。

（1）送料模块

该模块由双联汽缸、储料仓、检测有无工件传感器 - 光纤传感器、汽缸位置检测用的磁性开关组成，如图 9 - 2 所示。

图 9 - 2　送料机构模块

储料仓用于堆放圆形工件，当检测光纤传感器检测到有工件时，根据 PLC 的指令，自动将圆形工件推送到变频器输送带上。

（2）变频器调速输送带

输送带单元主要由传动带驱动机构、变频器模块、末端位置检测传感器及编码器组成。输送带的动力源是 AC220V 三相交流带减速箱电动机。如图 9 - 3 所示。

当送料机构把工件放到输送带上，变频器通过 PLC 的程序控制，电机运转驱动传送带工作，把工件移到检测区域进行各种检测，最后将工件移至输送带的末端，由吸盘式机械手进行分类。

（3）检测模块

该模块主要由光电传感器、金属传感器以及电容式传感器组成，如图 9 - 4 所示。

当变频器输送带将工件传送到检测区域时，电容传感器对工件进行姿势的辨别、光电传感器对工件进行颜色的辨别、金属传感器对工件进行材质的检测。

（4）挡料模块

该模块主要用于执行系统 PLC 程序设置的工件推入指定的回收箱内，如图 9 - 5所示。

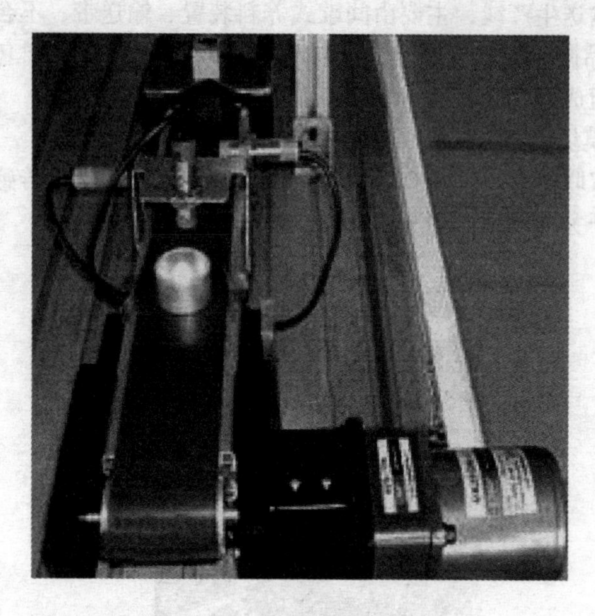

图9-3　变频器调速输送带

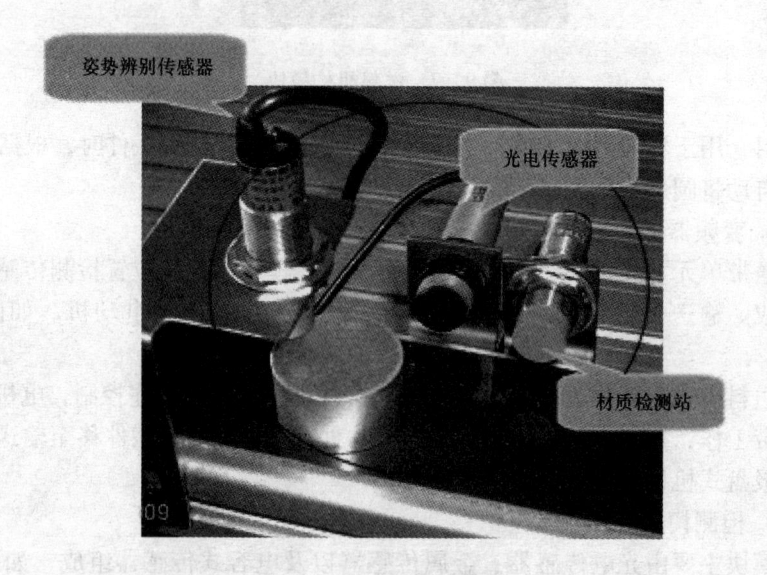

图9-4　材料检测模块

当姿势辨别传感器检测到工件放置的姿势错误，PLC 程序驱动推料汽缸快速伸出，将当前的工件推到回收箱内。

注：本模块执行动作的处理方式由 PLC 程序来设定（用户可根据控制要求进行更改）。

图9－5　推料缸执行示意图

（5）吸盘机械手

该模块由X轴（磁性耦合气缸）、Y轴（单轴汽缸）、吸盘、缓冲装置以及定位、限位传感器组成，如图9－6所示。

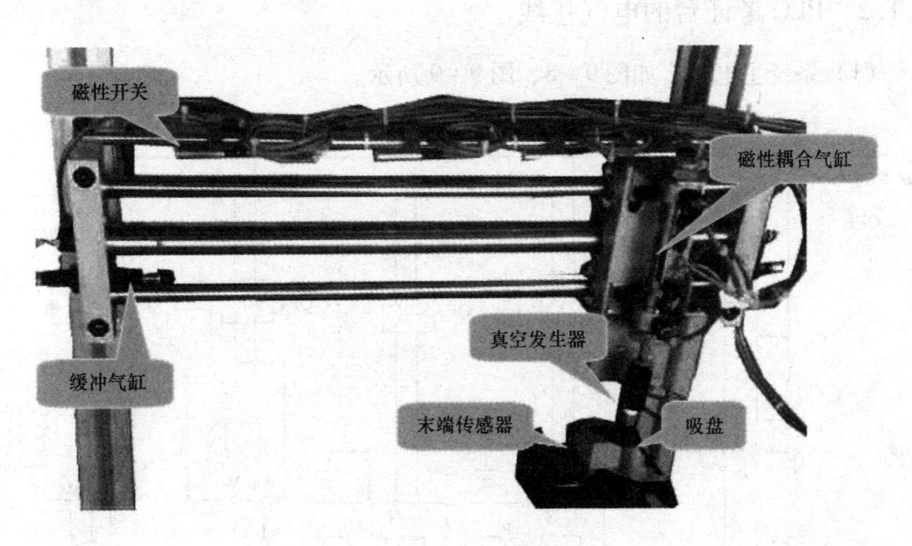

图9－6　吸盘机械手

吸盘可以把工件吸起来，然后根据PLC程序把不同颜色或材料的工件送到不同的区域，实现分拣功能。

（6）翻转机械手

该模块由升降汽缸、气夹手指、直流电机等组成，如图9－7所示。

图9－7　翻转机械手

本翻转式机械手可实现360°的旋转。当输送带送来的工件不符合工艺要求，需要进行姿势的纠正时，翻转机械手下降，机械手夹指动作，将工件夹起，然后通过直流电机把工件旋转360°。工件姿势纠正后，工件由输送带送到下一工件站。

9.1.2　PLC考证台的电气接线

（1）系统主电路，如图9－8、图9－9所示。

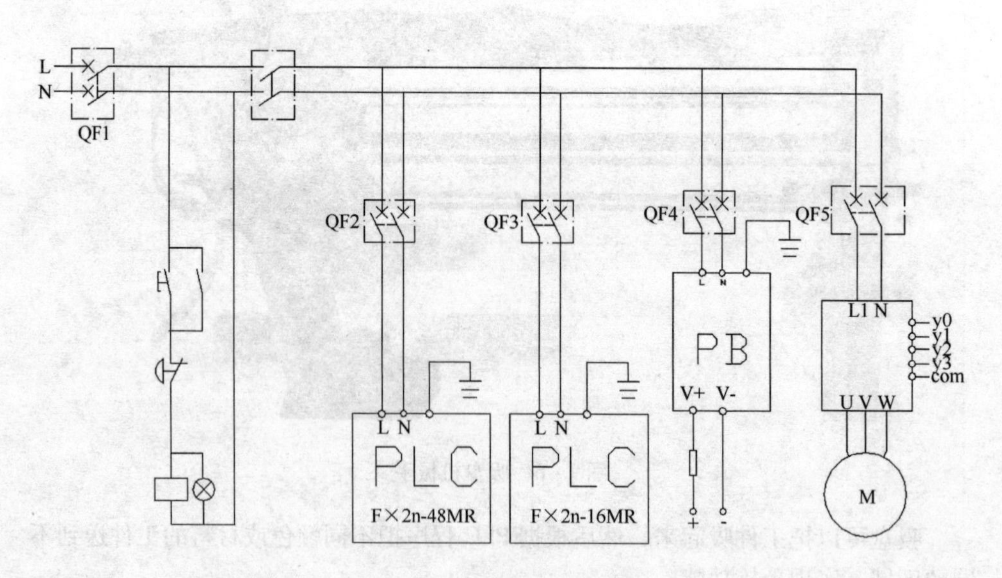

图9－8　系统的主电路图

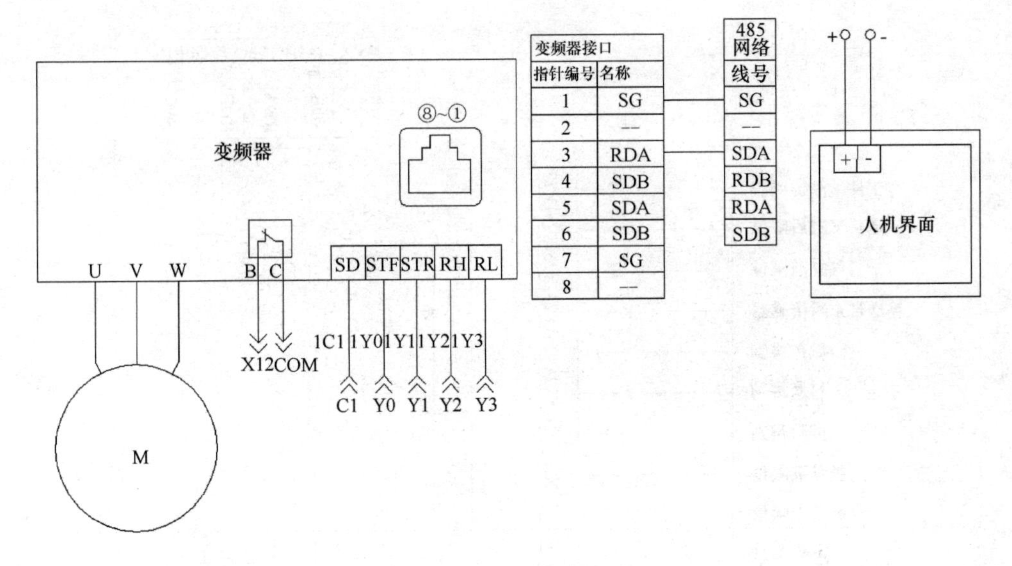

图 9－9　变频器接线图

（2）PLC 控制接线图，如图 9－10、图 9－11 所示。

9.1.3　PLC 考证台的气动回路

系统的气动回路如图 9－12 所示。

9.2　控制系统的综合应用（分拣系统）

本节介绍自动分拣生产线系统的设计（可编程序控制系统设计师——四级）。

（1）系统的组成及功能

1）组成　自动分拣输送生产线，主要由间歇式养料装置、输送带、不合格品处理装置（推杆）、合格品搬运装置（吸盘式机械手）等功能模块以及配套的电气控制系统、气动回路组成。自动分拣线的结构简图如图 9－13 所示。

2）功能　待分拣制品以一定的间隔依次放置在输送带上，输送带在电动机的驱动下将制品向前输送。制品经传感器检测后，经机械手将待分拣物件中的非金属制品、银色金属制品、黑色金属制品分类放置到指定的位置。

（2）自动分拣线的控制功能要求

1）原点位置要求：

①气动吸盘机械手在工件判断位置上方，处于上限位而且吸盘不动作；

②间歇式送料缸处于缩回状态；

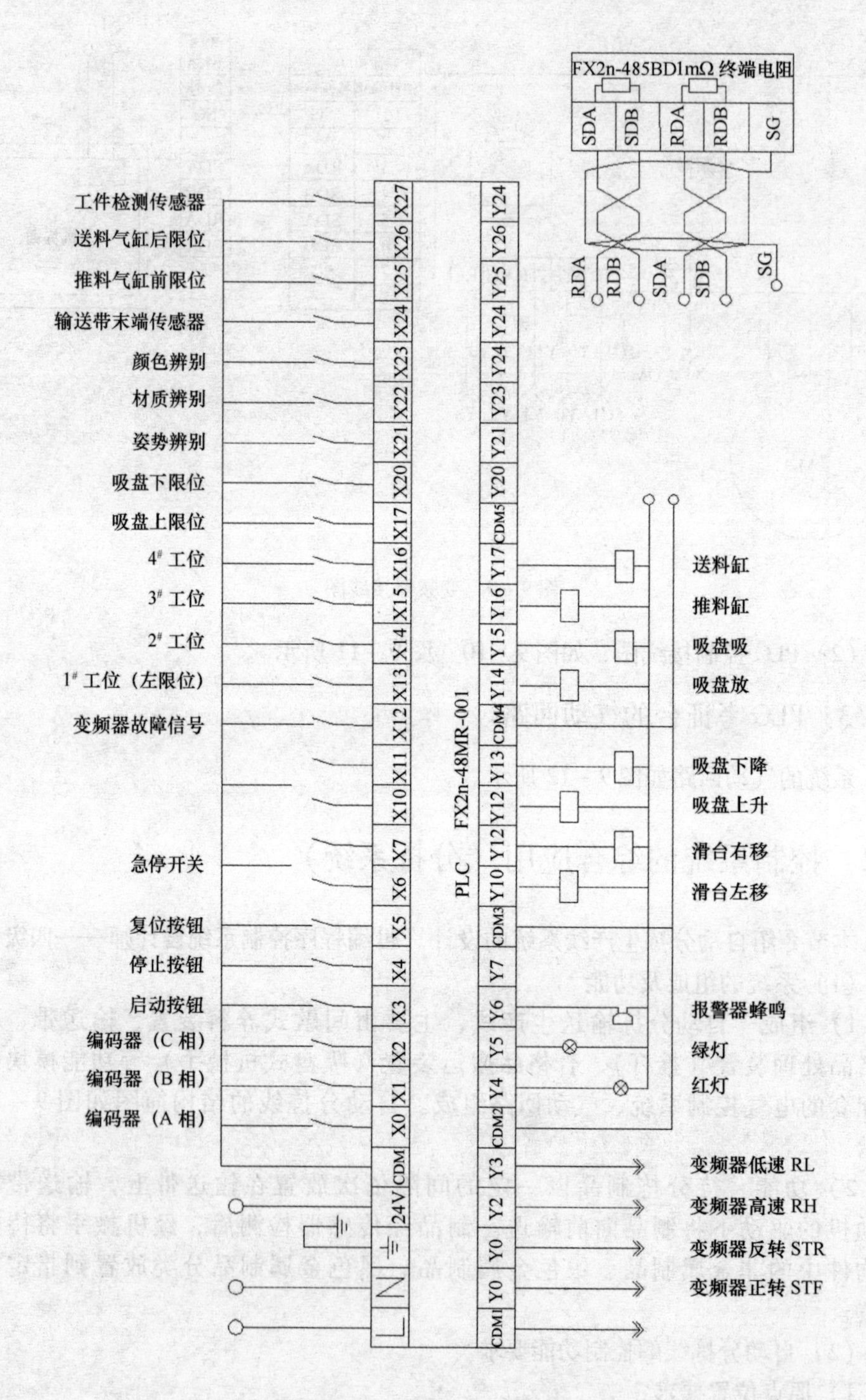

图9－10　1号站PLC接线图

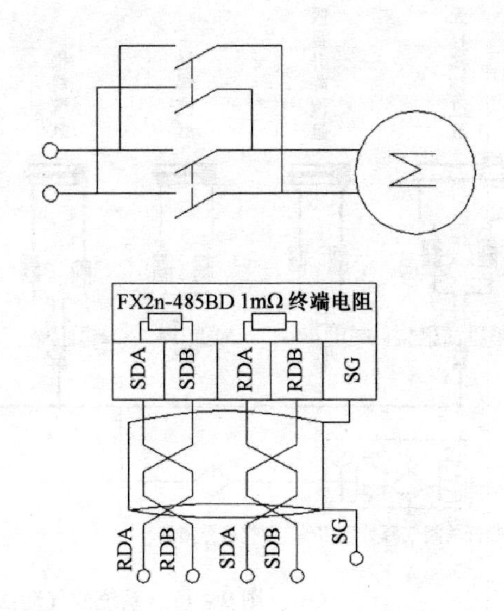

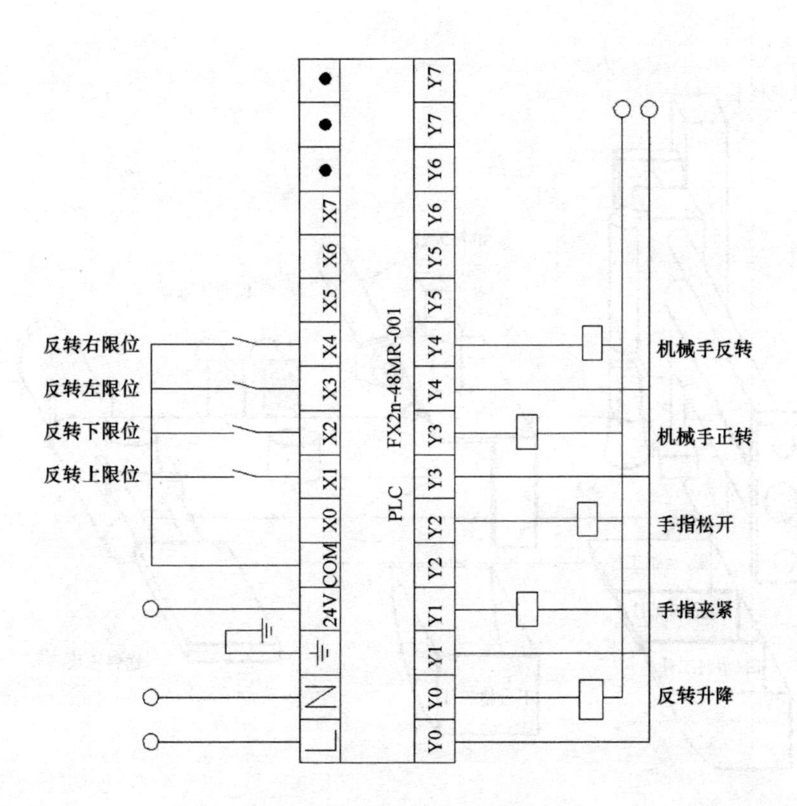

图 9－11　2 号站 PLC 接线图

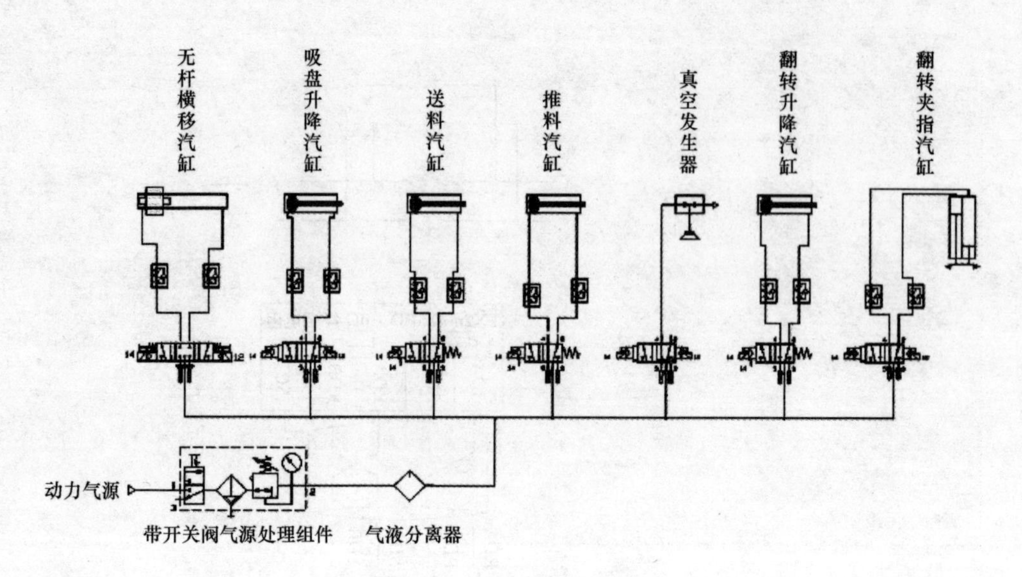

图 9－12　系统的气动回路图

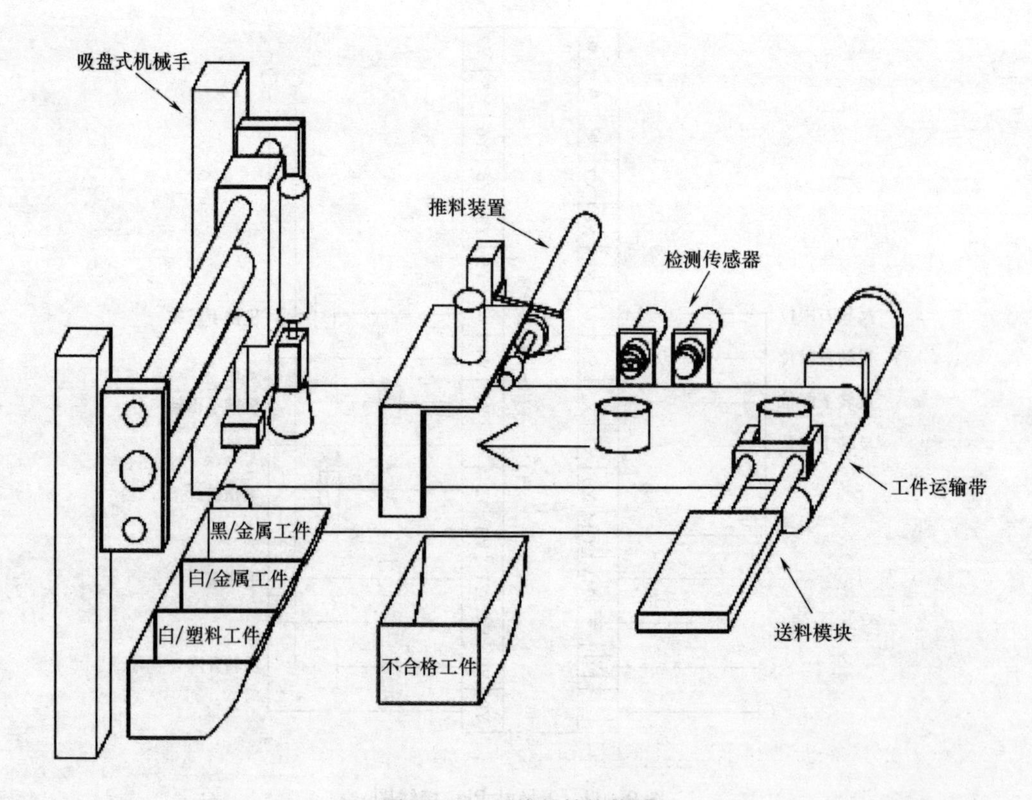

图 9－13　系统的结构简图

③变频输送线停止；

④各类判断器处于工作状态。

2）工作程序要求：

①工件由手动启动，启动后工件被推出。

②工件推至输送带后1s输送带向前运行，到材质判断器，若为非金属，则被推出。若为金属制品，则继续运行。

③当工件运行至皮带后端传感器时，输送线停止，并对工件进行判断，把黑色金属工件、银色金属工件区分出来，依次放到左、右两个盒子里面。

④工件运行至皮带后端传感器1s后，气动机械手下行至工件位置，吸住工件，0.5s后机械手上升至上限位，0.5s后水平移动至指定堆放区上方位置，再经0.5s后机械手下行至下限位，0.5s后放下工件到指定的塑料盒内；0.5s后上升并返回原点位置。

⑤一个工件送到塑料盒后，下一个工件自动开始送到皮带线。如果10s内没有下一个工件放入料仓，则系统转为停止，红灯亮。

3）生产线保护要求：

①急停动作要求：不管在什么状态，当急停键按下时，所有机械都停止动作。当急停松开后，根据其他要求进入操作状态。（注意：在急停状态，机械手上如果有工件，机械手上的工件需要保持吸取状态。）

②停止动作要求：当停止键按下时，当前工件完成入仓工作后，下一个工件不再送上输送带。

③复位动作要求：紧急停机、故障停机后再启动时，必须对系统进行复位操作。按系统复位按钮，机械手返回初始位置。

4）变频器控制要求：

①运行频率为25Hz。

②查变频器使用手册，查出加速时间和减速时间为第几号参数。将加速时间设为0.5s，减速时间设为0.5s。

③查变频器使用手册，查出上限频率为第几号参数。将上限频率设为55Hz。

5）生产线指示灯要求：

①系统通电后，红灯亮。

②按下启动后，系统运行，绿灯亮。

③按下停止后，不马上变红灯。当前工件完成入仓工作，动作停下来后，红灯亮。

④按下急停，红绿灯均亮；解除急停后，红灯亮。

（3）变频器参数设置

如表9-1所示。

表 9－1　　变频器参数设置

参数序号与设定	说明	参数序号与设定	说明
Pr. 79 = 0/2	操作模式	Pr. 4 = 25Hz	运行频率（高速）
Pr. 1 = 55Hz	上限频率	Pr. 7 = 0. 5s	加速时间
Pr. 2 = 0Hz	下限频率	Pr. 8 = 0. 5s	减速时间

（4）程序实现

1）PLC 的 I/O 分配（表 9－2）。

表 9－2　　I/O 分配

PLC 输入端子		PLC 输出端子	
X0	编码器（A 相）	Y0	变频器正转 STF
X1	编码器（B 相）	Y1	变频器反转 STR
X2	编码器（Z 相）	Y2	变频器高速 RH
X3	启动按钮	Y3	变频器低速 RL
X4	停止按钮	Y4	红灯
X5	复位按钮	Y5	绿灯
X6	急停开关	Y6	报警蜂鸣器
X7	－	Y7	－
X10	－	Y10	滑台左移
X11	－	Y11	滑台右移
X12	变频器故障信号	Y12	吸盘上升
X13	1#工位（左限位）	Y13	吸盘下降
X14	2#工位	Y14	吸盘放
X15	3#工位	Y15	吸盘吸
X16	4#工位（右限位）	Y16	推料缸
X17	吸盘上限位	Y17	送料缸
X20	吸盘下限位	Y20	
X21	姿势辨别	Y21	
X22	材质辨别		
X23	颜色辨别		
X24	输送带末端传感器		
X25	推料汽缸前限位		
X26	送料汽缸后限位		
X27	工件检测传感器		

2）控制流程，如图9－14所示。

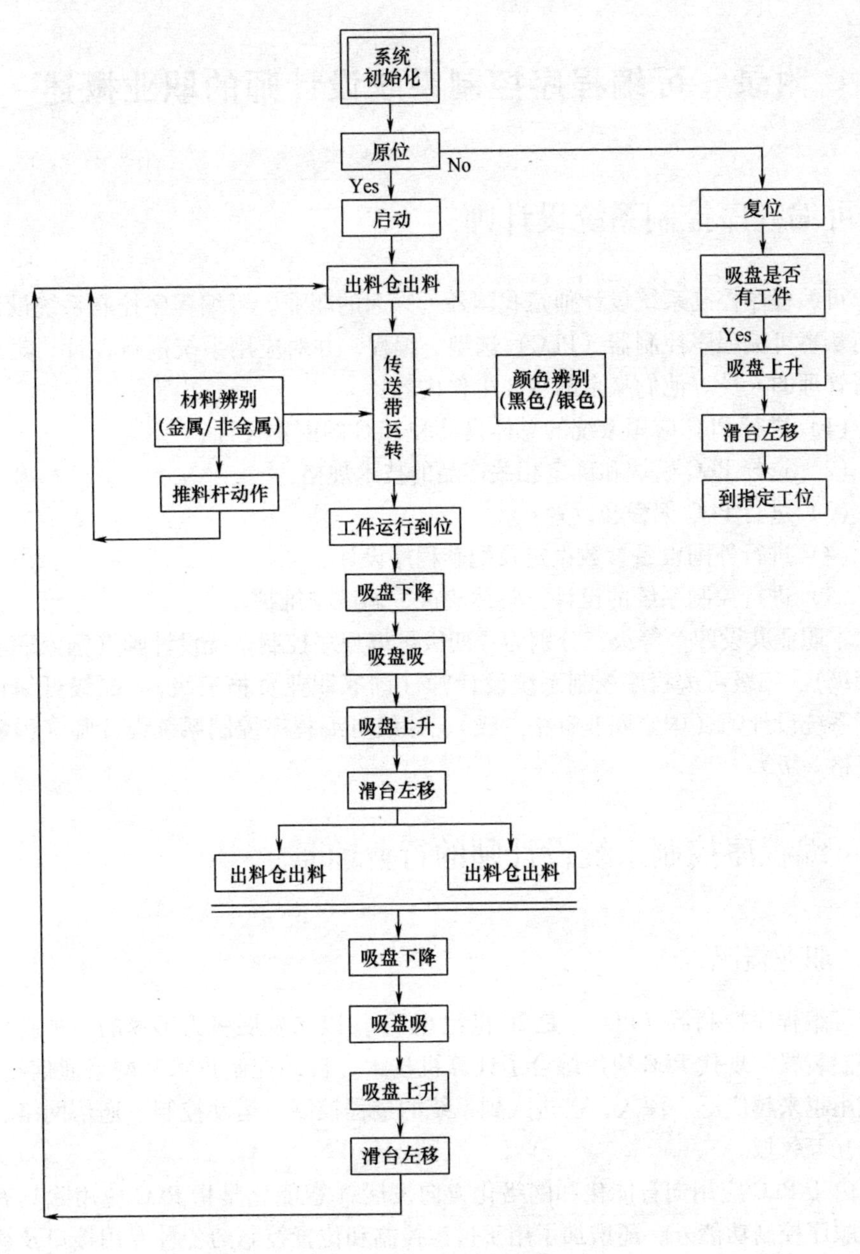

图9－14　控制流程图

附录　可编程序控制系统设计师的职业概述

1. 可编程序控制系统设计师

可编程序控制系统设计师是我国最近兴起的职业。可编程序控制系统设计师是指从事可编程序控制器（PLC）选型、编程，并对应用系统进行设计、集成和运行管理的人员。他们从事的主要工作内容：

（1）进行 PLC 应用系统的总体设计和 PLC 的配置设计；

（2）选择 PLC 模块和确定相关产品的技术规格；

（3）进行 PLC 编程和设置；

（4）进行外围设备参数设定及配套程序设计；

（5）进行控制系统的设计、整体集成、调试与维护。

本职业共设四个等级，分别为：四级可编程序控制系统设计师（国家职业资格四级）、三级可编程序控制系统设计师（国家职业资格三级）、二级可编程序控制系统设计师（国家职业资格二级）、一级可编程序控制系统设计师（国家职业资格一级）。

2. 可编程序控制系统设计师的行业前景

2.1　职业概况

可编程序控制器（PLC）是 20 世纪 60 年代以来发展极为迅速的一种新型工业控制装置。现代 PLC 应用综合了计算机技术、自动控制技术和网络通信技术，其应用越来越广泛、深入，已进入到系统的过程控制、运动控制、通信网络、人机交互等领域。

由于 PLC 应用向智能化和网络化方向发展（智能化是指 PLC 应用除具有传统的顺序控制功能外，还增加了用于过程控制和位置控制的各种专用接口及智能控制算法；而网络化是指以触摸屏为代表的人机接口实现了 PLC 与用户之间的灵活的信息交换）且逐渐成为主流趋势，此类应用人员已经形成规模。

从市场规模推算，目前从业人员在各行业的分布大致如下：纺织 21.04%、冶金 14.56%、汽车 11.94%、食品饮料 10.56%、电子制造 7.6%、化工 6.96%、电厂 5.16%、造纸 4.04%、石油开采及冶炼 3.86%、建材 3.28%、市政 3.04%、其他 7.96%。

PLC 应用从业人员从事现场维护的占一半以上；从事程序设计的占总体的 20%；其后依次是从事销售和系统设计的人员，分别占 14% 和 13%。（数据来源：中国工控网《2005 中国 PLC 市场研究报告》）

2.2　就业前景

从 PLC 应用专业人才供需两个方面来看，2004 年 PLC 应用从业人员数量达 7.96 万人，到 2010 年发展到 14.3 万人。仅 2010 年从高校、高职和技校 PLC 应用相关专业毕业的人数约为 7.6 万，最终从事该专业领域工作的毕业生也达到 3.7 万。

从需求来分析，该职业每年新增从业人员的比例应该占 PLC 应用从业人员的 10% 左右。因此，2006 年和 2010 年对 PLC 应用人员的新增需求分别是 1.1 万和 1.4 万。

3. 可编程序控制系统设计师职业标准解读

为规范可编程序控制系统设计师的职业认定，中华人民共和国劳动和社会保障部于 2008 年 1 月 2 日颁布执行《可编程序控制系统设计师国家职业标准》（见下图），为该工种的职业技能鉴定以及职业技能培训提供了指导方针。

可编程序控制系统设计师职业标准

3.1　培训期限

全日制职业学校，根据其培训目标和教学计划确定。晋级培训期限：四级可编程序控制系统设计师不少于 240 标准学时，三级可编程序控制系统设计师不少于 180 学时；二级可编程序控制系统设计师不少于 180 学时；一级可编程序控制系统设计师不少于 100 标准学时。

3.2 可编程序控制系统设计师申报条件

——四级可编程序控制系统设计师（具备以下条件之一者）

（1）连续从事本职业工作1年以上。

（2）具有中等职业学校相关专业毕业证书。

（3）经本职业四级正规培训达到规定标准学时数，并取得结业证书。

——三级可编程序控制系统设计师（具备以下条件之一者）

（1）连续从事本职业工作6年以上。

（2）取得本职业四级职业资格证书后，连续从事本职业工作4年以上。

（3）取得本职业四级职业资格证书后，连续从事本职业工作3年以上，经本职业三级正规培训达到标准学时数，并取得结业证书。

（4）具有相关专业大学专科及以上学历证书。

（5）具有其他专业大学专科及以上学历证书，连续从事本职业工作1年以上。

（6）具有其他专业大学专科及以上学历证书，取得本职业四级职业资格证书后，经本职业三级正规培训达标准学时数，并取得结业证书。

——二级可编程序控制系统设计师（具备以下条件之一者）

（1）连续从事本职业工作13年以上。

（2）取得本职业三级职业资格证书后，连续从事本职业工作5年以上。

（3）取得本职业三级职业资格证书后，连续从事本职业工作4年以上，经本职业二级正规培训达到标准学时数，并取得结业证书。

（4）取得相关专业大学本科学历证书后，连续从事本职业工作5年以上。

（5）具有相关专业大学本科学历证书，取得本职业三级职业资格证书后，连续从事本职业工作4年以上。

（6）具有相关专业大学本科学历证书，取得本职业三级职业资格证书后，连续从事本职业工作3年以上，经本职业二级正规培训达规定标准学时数，并取得结业证书。

（7）取得硕士研究生及以上学位或学历证书后，连续从事本职业工作2年以上。

——一级可编程序控制系统设计师（具备以下条件之一者）

1）连续从事本职业工作19年以上。

2）取得本职业二级职业资格证书后，连续从事本职业工作4年以上。

3）取得本职业二级职业资格证书后，连续从事本职业工作3年以上，经本职业一级正规培训达规定标准学时数，并取得结业证书。

4）取得相关专业大学本科学历证书后，连续从事本职业工作13年以上。

5）取得硕士研究生及以上学位或学历证书后，连续从事本职业工作10年以上。

3.3 鉴定方式

分为理论知识考试和专业能力考核。理论知识考试采用闭卷笔试方式，专业能力考核采用现场实际操作方式进行。理论知识和专业能力考核均实行百分制，成绩达60分以上者为合格。二级、一级可编程序控制设计师还须进行综合评审。

鉴定时间：理论知识考试时间为90min，专业能力考核时间不少于120min，综合评审时间不少于20min。